—经业界权威专家联合审定—

1000日

分阶段育儿宝典

孕期

0~6个月

6~12个月

1~3岁

3~6岁

U0231980

—— 编著 ——

Dumex 我和宝贝 Mi

企业管理出版社
ENTERPRISE MANAGEMENT PUBLISHING HOUSE

图书在版编目（CIP）数据

1000日：分阶段育儿宝典 / 多美滋，《我和宝贝》杂志编著.
—北京：企业管理出版社，2012.7
  ISBN 978-7-5164-0101-9

  Ⅰ. ①1… Ⅱ. ①多…②我… Ⅲ. ①婴幼儿－哺育－基本
知识 Ⅳ. ①TS976.31

  中国版本图书馆CIP数据核字(2012)第142823号

书　　名：1000日：分阶段育儿宝典
作　　者：多美滋，《我和宝贝》杂志
责任编辑：韩天放
书　　号：ISBN 978-7-5164-0101-9
出版发行：企业管理出版社
地　　址：北京市海淀区紫竹院南路17号　　邮编：100048
网　　址：http://www.emph.cn
电　　话：发行部 （010）68414644　　编辑部 （010）68701292
电子信箱：bjtf@vip.sohu.com
印　　刷：北京利丰雅高长城印刷有限公司
经　　销：新华书店
规　　格：127毫米×183毫米　　32开本　　6.75印张　　200千字
版　　次：2012年7月 第1版　　2012年7月 第1次印刷
定　　价：48.00元

> 在孩子生命最初的1000天，营养干预能产生最好的效果。两岁后的营养干预虽然也有效，但毕竟无法逆转两岁前营养不良对身体造成的伤害。

——希拉里·克林顿 （美国国务卿）

> 生命的头1000天，即从怀孕到2岁期间的母婴营养和养育环境，可以明显地影响到儿童的健康和未来。儿童早期营养和养育环境会给儿童提供一个良好的生长发育的机遇和条件，使儿童的发育潜力得到充分的发挥。

——朱宗涵（中华预防医学会儿童保健分会副会长）

本书由中华预防医学会儿童保健分会专家组审阅

目 录 contents

0~6个月——优化力

目 录

6～12个月——优抗力

1~3岁——优创力

目 录 contents

早期养育——
改变一生，影响未来

从知道自己怀孕时的欣喜与不知
所措，到十月怀胎的辛苦与幸福，再到
陪伴孩子成长的日新月异的每一天，对
妈妈来说，初为人母的1000天是人生非
常特别的一个时期。对孩子来说，从一
个小胚胎成长为一个独立活泼的生命，
这最初的1000天，是生长发育的黄金时
间。而在育儿专家和营养学家看来，生
命最初的1000天的意义更加重大，它会
改变孩子的一生，改变孩子的未来。这
是人生最重要的阶段，也是容易被忽视
的阶段……

早期发育为一生奠定基础

早在2008年，包括数名诺贝尔奖获得者在内的顶尖科学家就已经达成共识，认为孩子生命中最初的1000天决定了其长期的健康状况及发展。因为这个阶段：

1．是孩子组织器官和生理状态发育的重要时期

整个孕期，胎儿吸收大量的营养，迅速地完成身体各个器官和功能的发育。出生第一年，孩子的身体以令人惊喜的速度迅速长大。到6个月时，宝宝的体重能达到出生时的2倍。1岁时，体重达到出生时的3倍，身高增长了50%。到3岁，孩子的体重就能达到出生时的5倍，身高是出生时的2倍。而孩子的其他组织器官系统，如消化系统和免疫系统等，也在迅速地发育完善。

同时，宝宝的运动能力也随之飞速的发展，带给父母很多惊喜。宝宝从只能躺着，到逐渐学会坐、爬、站立、行走和独立进食。然后学会跑跳。从完全依赖母亲，到逐渐成为一个独立的个体。

2．是孩子大脑和心理行为、认知发育的关键期

宝宝在最初几年，大脑呈跳跃式发育。2岁时大脑重量是出生时的3倍。相应地，宝宝的感觉、认知、情绪、语言、行为发育都有很大进展。在3岁时，孩子已经具备了基本情绪反应，掌握了沟通所需的基本语言能力。学会了理解和观察事

物，形成了基本的社会交往能力，也懂得了遵守基本的规则。从3岁开始，孩子逐渐从依偎在父母身边走向群体和社会，开始构建自己的朋友关系，独立性日益明显。

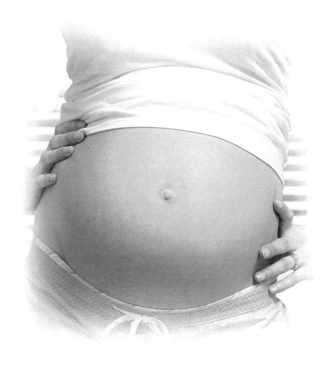

后天环境是影响早期发育的重要因素

先天因素决定了一个孩子的发育潜力，而后天环境因素则决定了这些潜力是否能得到充分实现。以语言发育为例，每个发育正常的孩子都具备语言能力，但学会说话的早晚，会说什么语言，以及口音等都取决于父母提供了一个怎样的语言环境。

孩子自然成长过程中的各个环节，包括养育、玩耍、家庭、学习，和心理营养等等，都为发育提供了必需的后天环境刺激。

1. 良好的养育，为发育提供足够的营养

养育过程主要包括喂养和护理。良好的喂养为孩子提供足够的营养，帮助孩子形成良好的饮食习惯，从而健康地成长。喂养的过程也是亲子关系逐步建立，孩子的认知和行为能力逐步发育的过程。而护理过程中所有的生活细节都在为宝宝提供生长发育必需的信息、经验、训练和帮助。

只要爸爸妈妈足够有心，换尿布的时间可以跟宝宝聊聊天，洗澡的时间也可以成为快乐的亲子游戏时间。而就在父母与孩子日常的交流点滴中，孩子慢慢学会了与人分享，尊敬长者，懂得礼貌，并理解社会生活中的各种规矩。

2. 充分的玩耍，促进身体和认知发育

玩耍是童年生活的重要内容，是生长发育必须经历的过程。从认知角度来说，玩耍能使孩子有机会接触不同颜色、形

状、质地的玩具和书。使孩子直观地学会颜色、大小、形状、数量等概念，促进了孩子认知能力的发育。

同时，孩子的追逐打闹，挖沙子，堆积木，这些看似无目的的活动对体格发育，心理行为发育和社会能力的发育，发挥着极为重要的，不可替代的作用。

3．安全的家庭环境，是健康成长的保障

安全是家庭环境最重要的方面。孩子天性活泼好动，缺乏自我保护意识。因此父母以及其他照顾者必须随时保证孩子生活和活动环境的安全，避免任何意外的发生，让孩子健康顺利地成长。

4．愉快的学习环境，激发求知兴趣和能力

人们往往忽视孩子学习的主动性，总以为孩子的能力都是大人教会的。而事实上，在儿童早期的学习中，孩子主动的获取往往多于被动的传授。因此，重要的是为孩子的早期学习创造一个丰富、愉快的环境和条件，保护和鼓励孩子学习的兴趣和能力。

5．优质的心理营养，让宝宝更好成长

在身体迅速发育的同时，童年时期也是孩子性格形成和情绪发展的关键时期。好的养育，绝不仅仅在于保证健康和提供营养，也在于从开始就与孩子建立良好的亲子关系，关注孩子

不同发育阶段的心理需要。而在孩子自然成长的过程中，很多环节也能为孩子提供优质的心理营养。比如：

养育过程是孩子来到这个世界上获得的第一个生活经历，它传递了父母对孩子的情感，促进亲子关系的建立，给孩子安全感和自信心。玩耍能帮助孩子探索和了解周围的环境和事物，发挥想象力和创造力，增强自信心和适应能力。安定、和睦、舒适的家庭氛围也是孩子安全感的一部分。

早期发育的不同阶段
需要父母提供相应的支持和关注

每个孩子都要经历发育的不同阶段，从胎儿期、婴儿期到幼儿期和学龄前期，每个阶段都有自己的发育特点和表现，需求和挑战也不一样，所以父母在每个阶段都要满足宝宝的不同关键所需。

本书将向您介绍宝宝在每个不同阶段的生长特点，相应为您提供贴心细致的营养建议、养育行为指导，以及宝宝成长需要的心理营养建议。让身为父母的你，更好地了解宝宝的成长规律，根据每个时期成长的不同需要为身心提供优质的关键营养，并为孩子创造适合的环境，使他们的发育潜力得到充分的发展。

养育孩子是一门重要的功课，父母要不断学会了解孩子，了解自己，要与孩子共同成长。从打开这本书开始，一起来学习吧。

孕期——
优蕴力

  俗话说怀胎十月，这是每个妈妈生命中非常特殊的一段时光。它充满对新生命的期待和向往，也掺杂着紧张和焦虑。从女性的一生来看，这也是一段非常重要的时间。准妈妈的健康状况、营养状况和生活习惯会直接影响到胎儿的发育和新生儿的健康，甚至对成年后的健康状况也有巨大的影响。所以，对于准妈妈来说，最重要的任务就是在整个孕期保持快乐的心态、均衡的营养和健康的身体。

（一）了解孕期的宝宝和妈妈

孕早期：宝宝器官发育的形成期

孕早期是指怀孕12周以内的一段时期，是胎儿重要组织、器官开始形成的关键时期。

第一个月	胎宝宝的发育： 受精卵经过输卵管到达子宫，发展成为胚胎，也就是常说的"着床"。此时的胚胎仍未发育成人形，不过本月左右心脏已经开始搏动，脑和脊髓的原型出现，肝脏明显发育，与母体相连的脐带也开始形成，血液循环建立。胎盘雏形形成，长度约0.5厘米，重量不足1克，没有明显的形状。 你的身体： 你可能会发现月经推迟了，很多准妈妈都是这时候才意识到自己有可能怀孕了。除此之外，普通早期妊娠反应的症状尚未表现出来，因此，准妈妈常常感觉不到有什么特别的变化和异常。如果还没有补充叶酸，这时要马上开始。
第二个月	胎宝宝的发育： 到第二个月末，Ta的大部分器官会逐渐形成，脑、脊髓、心脏、肝、肾、胃都已具备了雏形。大动脉和肺动脉瓣在心脏里清晰可见，心脏出现了左右心室，跳动的速度是你的两倍（每分钟150下左右）。手指和脚趾清晰可辨，有轻微蹼的痕迹，皮肤是透明的，像一

条可爱的娃娃鱼。

第二个月

你的身体：

对于大部分准妈妈来说，孕吐等妊娠反应通常会在这个时期开始出现，一直到孕早期结束，症状才会减轻，而且可能不会彻底消失。这个阶段是流产高发期，属于危险阶段，因此应尽量避免激烈运动，防止流产。要保持心情愉快，情绪平稳，注意起居规律，保证充足的睡眠。

胎宝宝的发育：

到第三个月末，Ta大约65毫米，手指和脚趾已经完全分开，一部分骨骼开始变得坚硬，并出现关节雏形。Ta经常在忙碌地运动，时而踢腿，时而舒展身姿，看上去好像在跳水上芭蕾舞。现在，胎儿可以做出打哈欠的动作。

第三个月

你的身体：

你会发现自己的腰变粗了，乳房长大，乳头和乳晕的色素加深，你需要更换大一号的内衣和宽松的衣服啦！因为激素的变化，你的头发会变得格外有韧性，还有皮肤也会显得容光焕发。你的情绪因此开始有变化，变得更加敏感，爱掉眼泪，有人还可能会变得很健忘。

孕中期：宝宝逐步发育成长期

孕中期指怀孕第13周起到27周末。这时胎儿已基本完成各器官的分化，进入逐步发育长大的阶段。

第四个月

胎宝宝的发育：

到第四个月末，胎儿身长有14～18厘米，体重增加到140克，看上去像一个梨。Ta体内所有的重要器官已发育形成。同时，头发、眼眉、睫毛、手指甲和脚指甲也开始生长了，声带和味蕾长成，宝宝已经形成了大脑和小脑。小家伙的小耳朵已经能够听到子宫外的声音。

你的身体：

你对胎动的感觉会越来越明显，可以开始尝试跟宝宝用各种方式进行交流。比如在Ta动的时候轻轻拍拍Ta作为回应，也可以跟Ta多说说话或者介绍Ta听听你喜欢的音乐。

第五个月

胎宝宝的发育：

到第五个月末，胎儿的头约为身长的三分之一，鼻和口的外形也逐渐明显了。宝宝现在已经有了像成人一样的神经细胞，味觉和嗅觉器官也正在不断地完善。Ta现在已经能听到声音了，包括你说话的声音、唱歌的声音。宝宝的视网膜开始形成，能隔着妈妈的肚子感觉到外界的光亮。

你的身体：

孕程过半，你的肚子已经明显隆起了，可以尝试一些轻度的柔软体操或者孕妇瑜伽，来减轻身体受到的压力。你的胃口应该不错，保证营养均衡和适当控制体重是这个阶段需要着重注意的。

第六个月

胎宝宝的发育：

　　到第六个月末，宝宝的体重已经有500多克了，在妈妈的子宫中占据了相当大的空间。Ta的身体比例开始匀称了，但是皮肤仍然很薄，有很多小皱纹，浑身覆盖了细小的茸毛。

你的身体：

　　由于宫底日益增高而且逐渐压迫到肺，你可能开始感到上楼有些吃力，走不了几级台阶就会气喘吁吁。现在你的体重可能已经可以用"突飞猛进"来形容了，腹部向前突出的越来越明显，腰背部被迫挺直，更容易腰酸背痛。你的心脏及肺的负担逐渐增加，新陈代谢也更旺盛了，因此会感到比平常更容易出汗。

第七个月

胎宝宝的发育：

　　到第七个月末，胎儿体重约900克。Ta的听觉神经系统已经发育完全了，对外界声音刺激的反应也更加明显。虽然气管和肺部还未发育成熟，但是胎儿的呼吸动作仍在继续。胎儿大脑活动开始变得非常活跃，脑组织快速的增长。

你的身体：

　　距离孕晚期越来越近，你最近经常发出的抱怨可能是：太累了！！你的身体需要以双倍的时间和精力运转，以制造更多的血液。你的心跳加速，以供给更多的血液和养分。与此同时，你自己也要吸收更多的营养。

孕晚期：宝宝发育最快的时期

妊娠28周起到妊娠40周称为孕晚期，这是胎儿发育最快的时期。

第八个月	**胎宝宝的发育：** 到第八个月末，Ta现在已经有40厘米左右，几乎把子宫里的地方都占满了。活动的空间小了，所以你会觉得Ta的运动比以前相对少了。细心的话，你还会发现Ta已经很少在你休息的时候打扰你了，这是因为Ta的作息时间基本和你保持一致了。 **你的身体：** 你需要继续同孕晚期的各种不适作斗争。睡眠变得更困难，因为你总找不到一个适合的姿势。你的膀胱被挤得更小了，频繁去厕所成为常态。你的胃口不如以前，吃一点儿就感觉饱了。你可以采用少吃多餐的办法，多吃些小点心，还可以每天上班带一小盒切好的水果。
第九个月	**胎宝宝的发育：** 到第九个月末，你的小宝宝每天大约要长13克的分量。宝宝的肾脏已发育完全，肝脏也能够处理一些代谢废物。虽然临近分娩，但Ta大脑中的某些部分尚未发育成熟，因此准妈妈需要适量补充脂肪，尤其是植物油。除头部外，宝宝骨骼已变得结实起来，皮肤也不再又红又皱了。

孕期 优孕力

0~6个月 优代力 | 6~12个月 优抗力 | 1~3岁 优创力 | 3~6岁 优备力

第九个月

你的身体：

　　进入孕晚期，即使你的饮食相当正常和健康，也会出现不同程度的水肿。这些体内看似多余的水分，是用来为分娩时大量的血液流失做准备的。你的宝贝开始进入迅速增长期，对营养和热量的需求急剧增加，所以你常会在下午或者半夜感觉到饿。你仍然可以保持少吃多餐的习惯，及时补充营养。

第十个月

胎宝宝的发育：

　　宝宝在为来到这个世界做最后的准备，体重和身高继续增长。头发约长1~3厘米，胎毛和胎脂逐渐脱落，皮肤变得光滑。此时，子宫里的空间显然已经不够宝宝用了，Ta会把整个身体蜷缩起来，像个小球一样，为出生做好了准备。

你的身体：

　　你的腹部应该已经平静下来，感觉不到大的动静。这是因为你的身体里已经没有足够的空间让宝宝运动了。记住放松，保持愉悦的心情，等了那么久，宝宝就要和你见面了。

摄入全面优质的营养素

怀孕是女性一生中最特殊的生理阶段，身体的各个器官几乎都参与到这个特殊的生理过程中。从孕早期的妊娠反应，到孕中期的胎儿开始快速增长，以及孕晚期为了分娩所做的营养储备，都在为新生儿的健康出生做准备。

保持孕期均衡营养和良好生活习惯，是体内胎儿健康成长的基础，也为新生儿早期和今后的消化、免疫、脑部和体格发育打下了基础。如果胎儿期营养不良，近期可能造成宫内发育迟缓，导致出生缺陷和出生低体重。远期将有可能增加成人期慢性病的发病率，甚至影响以后的心理健康和社会生活能力。因此，我们可以说，孕期的均衡营养为宝宝出生后的健康奠定了重要的基础。

学会如何挑选合适的妈妈奶粉

根据2002年中国妇女营养与健康状况调查，大部分准妈妈的日常饮食不能完全保证营养需求，妈妈在孕期和哺乳期对于多种关键营养的摄入明显不足。因此，除了保证日常饮食的健康和均衡，也建议准妈妈从孕期到哺乳期选择孕妇奶粉来为自己及胎儿补充营养。

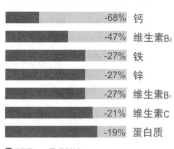

妈妈在孕晚期对于多种关键营养的摄入不足

-68% 钙
-47% 维生素B₂
-27% 铁
-27% 锌
-27% 维生素B₁
-21% 维生素C
-19% 蛋白质

■ 实际摄入　■ 营养缺失
《中国妇女营养与健康状况 2002》
《中国孕期、哺乳期妇女和0~6岁儿童膳食指南 2007》

提醒妈妈

选择妈妈奶粉的4个标准：

1.奶粉的营养配方是否能全面补缺？

最好选择营养配方全面的奶粉，包括钙、铁、锌、叶酸、维生素A、维生素C和维生素B_1、维生素B_2及蛋白质等，以便及时补充孕妈妈普遍缺失的关键成分。添加DHA有助于大脑发育。

2.饮用是否方便？

孕妈妈的口味常会发生改变，同时每天要摄入更大量的食物，所以可以尽量选择饮用方便的奶粉：每天只需一杯，即可补充营养。早上饮用更加有利于营养的迅速吸收。

3.是否添加益生元成分？

对有些妈妈来说，便秘问题从孕期到哺乳期一直困扰着自己。如果妈妈奶粉中添加了有助于改善肠道环境的益生元，将会有助于缓解便秘苦恼。

4.是否应低糖低脂配方？

尽量选用低糖或低脂配方的妈妈奶粉，有助于妈妈防止孕期体重增加过快或孕期肥胖。

（二）营养建议：保障孕期全方位需求

孕期最重要的营养素

营养素	为什么重要？	需要多少量？
叶酸	叶酸有助于预防神经管缺陷，包括脊柱裂和无脑儿等非常严重的出生缺陷，而神经管缺陷是中国常见的新生儿先天畸形。	整个孕期都可以一直补充，每天400微克。虽然蔬菜水果中富含叶酸，但是经过烹饪后，叶酸的流失量达50%以上，因此建议在怀孕前3个月开始口服叶酸片，准妈妈也可以喝含有叶酸配方的孕妇奶粉。
钙	发育中的宝宝需要足够的钙，才能长出强壮的骨骼、牙齿、健康的心脏、神经和肌肉，而且发育正常的心脏节律和血液凝结能力也需要足够的钙。 如果准妈妈饮食中的钙不充足，同时也没有服用钙片进行孕期补钙，胎儿就会掠取妈妈骨骼中的钙，这可能会损害妈妈今后的健康。	女性在怀孕前应每天摄入800毫克钙，孕妇在孕中期应每天摄入1000毫克钙，孕晚期和哺乳期每天摄入1200毫克钙。每100毫升牛奶中含有100毫克以上的钙质，相当于每天饮用500ml牛奶以及其他富含钙的食品，如虾皮、海带、豆制品等。

营养素	为什么重要?	需要多少量?
铁	铁是身体必需的矿物质,对保障孕期健康起着重要的作用。怀孕期间身体对铁的需求量大大增加了。 怀孕后,你身体里的血液量会比平时增加将近50%左右。因此,孕妇需要补铁,以便制造更多的血红蛋白。 孕妇需要补铁来供应正在发育的宝宝和胎盘,特别是在孕中期和孕晚期。	孕中、晚期每天摄入铁的推荐量分别是25毫克、35毫克。每100克猪肝中含铁30毫克,每100克蛋黄中含铁10毫克。
锌	锌是人体所需的重要微量元素之一,人体内DNA的制造、修复和机能发挥都需要锌,所以,在孕期细胞快速增长的时候,更需要获得充足的锌。	孕中期和孕晚期每天摄入16.5毫克的锌。虽然每100克蘑菇中含有10毫克的锌,但大概只有2～3毫克可以被人体吸收,可适当补充孕妇复合维生素片或饮用孕妇奶粉。

营养素	为什么重要?	需要多少量?
维生素A	维生素A对身体细胞的生长、眼睛的发育、皮肤和黏膜的健康都是很重要的，同时也帮助抵抗感染、骨骼生长和脂肪的新陈代谢。	孕中期和孕晚期每天摄入900微克视黄醇当量维生素A。维生素A分为两类，一种是动物性维生素A，可直接被人体吸收，比如每100克肝脏中含有至少2万微克视黄醇当量的维生素A。另一种是植物性维生素A原，也就是人们所说的胡萝卜素，需要在人体肝脏内转化后才能被吸收，每100克胡萝卜中含有2000微克的维生素A原。
维生素C	维生素C，又称"抗坏血酸"，对组织修复、伤口和骨骼愈合、皮肤健康等起着至关重要的作用，还能帮助身体增强免疫力。 维生素C不仅有助于宝宝发育、强壮牙齿和骨骼，还能帮助准妈妈更好地吸收铁。	孕期和哺乳期每天至少需要130毫克维生素C。一个正常大小的橙子中含有50毫克的维生素C，而一个猕猴桃中则含有80毫克的维生素C。

孕期营养全计划

如果怀孕前你不是很注意饮食，现在就该对自己的孕期饮食多多用心了，以下饮食原则适用于整个孕期：

- 注意保持丰富、均衡的饮食结构。
- 要少吃垃圾食品，因为这些食品只提供热能，基本上不含营养物质。
- 适当服用营养补充剂。维生素−矿物质补充剂可以帮助你因为胃口不好、孕吐或者饮食不均衡而导致的营养元素的缺乏。
- 针对怀孕不同时期胎儿的需求，有针对性地补充不同营养素。

孕早期　宝宝特别需要的营养

叶酸：孕早期准妈妈叶酸（B族维生素的一种）缺乏，可能导致宝宝神经管畸形。

准妈妈应该怎么吃

- 优质蛋白：每天至少要吃一个鸡蛋和50～75克瘦肉以及50～100克鱼虾。
- 碳水化合物适量：每天不少于200克粮食。
- 维生素、矿物质充足：每天吃蔬菜200～400克，水果50～100克，牛奶250克，坚果、动物内脏适量。

缓解早孕反应的食谱：

绿豆粥

粳米50克，绿豆50克， 冰糖适量

　　1.粳米、绿豆淘洗干净。

　　2.锅内放入适量清水，将洗净的粳米、绿豆用旺火烧沸，转用文火熬成粥，加入冰糖，搅拌均匀即可。

芒果酸奶

芒果1个，原味酸奶150克，曲奇饼干2片

　　1.将芒果洗净，削皮切成块状。

　　2.曲奇饼干掰成小块，和芒果块一起放到碗中， 浇入酸奶搅拌一下即可。

　　提醒妈妈

改善胃口的小方法

　　1.食物替换法：准妈妈在孕早期可能很挑食，但一定要保证各种营养素摄入全面和均衡。如果准妈妈不喜欢吃某种食物，那么可以看看有没有能替代的食物，原则是同类食物之间相互代替，如用面包代替馒头、面条，用鸡肉代替猪肉，用奶酪代替牛奶。

　　2.食物变味法：有时候，食物变个味道，准妈妈接受起来就容易多了，不失为一种让准妈妈打开胃口的好方法。如将面包、馒头烤出香味，口感脆脆的，在生菜中夹一点儿番茄酱调味，将煮鸡蛋变为蒸蛋羹。

孕中期　宝宝特别需要的营养：

脂类和必需脂肪酸：脂类是细胞膜及中枢神经系统髓鞘化的物质基础。孕中期时，宝宝大脑发育速度加快，对脂类及必需脂肪酸的需要量增加，准妈妈必须及时补充。

钙：胎儿的牙齿和骨骼开始发育，对钙的需求量增加。

维生素A：促进胎儿视网膜的发育。

准妈妈应该怎么吃：

- 增加优质蛋白摄入量：每天要保证摄入40克优质蛋白质，大约等于200克瘦肉，或者50克豆腐。
- 增加碳水化合物摄入量：每天不少于350克粮食。
- 维生素、矿物质仍需充足：每天吃蔬菜500克，水果200克，以及牛奶、坚果、海产品、动物内脏。
- 适当增加植物油摄入：大豆油、核桃油、菜籽油等植物油中含有人体不能合成的必需脂肪酸，能促进胎儿大脑的发育。准妈妈还可摄入适量的花生、核桃、葵花子、芝麻等油脂含量丰富的食物。

补钙食谱：

奶类是人类最佳钙质来源，牛奶不仅含钙量高，而且利用率也很高，是膳食钙质的极好来源。一般成年人每天建议饮用牛奶300ml，准妈妈可适当增加鲜奶量，或者直接喝孕妇奶粉，更营养方便。

香蕉牛奶

香蕉2根，牛奶300ml，蜂蜜1茶匙

　　1.香蕉去皮，切成小块儿。

　　2.将香蕉块和牛奶用搅拌机打匀，加入
蜂蜜，即可饮用。

牛奶布丁

牛奶200ml，鸡蛋1个，糖2茶匙，巧克力酱适量

　　1.鸡蛋打匀，静置10分钟，
用漏勺过滤掉表面的泡沫。

　　2.蛋液中加入牛奶和糖，搅匀，蛋液和牛
奶的比例是1:2。

　　3.蒸锅加水，水开后，小火蒸10分钟，晾凉后浇上巧克力
酱食用。

提醒妈妈

少食多餐

　　孕中期准妈妈食欲大多很好，进食量随之增加。但接
近孕晚期时，准妈妈的子宫已经比较大，可能挤压胃部，
每餐后容易出现胃部胀满感。对此，准妈妈应该适当减少
每餐摄入量，同时增加餐次，每日5~6餐为宜。

孕晚期　宝宝特别需要的营养：

钙：虽然准妈妈在整个孕期都需要补钙，但孕晚期的准妈妈对
钙质的需求量明显增加，因为宝宝的牙齿和骨骼钙化在"提

速"。宝宝体内一半的钙质，都是在准妈妈怀孕的最后两个月储存的。

铁：宝宝的肝脏在孕晚期以每天5毫克的速度储存铁，直至出生时达300～400毫克，要足够宝宝使用到满6个月。同时，准妈妈自身也需要足够的铁质，预防贫血，为分娩做准备。

DHA：即二十二碳六烯酸，能优化宝宝大脑锥体细胞的磷脂的构成成分，促进大脑皮层感觉中枢的神经元增长更多的树突。DHA不仅对宝宝大脑发育促进作用，而且对视网膜光感细胞的成熟也很重要。

准妈妈应该怎么吃

- 每天应该要喝500毫升牛奶以及多吃其他富含钙的食品，如虾皮、海带、豆制品等，以保障蛋白质、钙等营养元素的摄入。

- 准妈妈应该多吃一些富含α－亚麻酸的食物，如核桃、杏仁、花生、芝麻等，α－亚麻酸可在准妈妈体内转化成DHA。

- 适当吃一些动物肝脏，因为动物肝脏中富含血红素铁，吸收率很高，补铁效果远远超过含铁丰富的植物性食物。

预防便秘的食谱

胡萝卜鲜橙汁

胡萝卜1根，鲜橙1个，矿泉水1杯

1.胡萝卜削皮洗净切块，橙子洗净切块。

孕期 优蕴力

0～6个月 优化力 ｜ 6～12个月 优抗力 ｜ 1～3岁 优创力 ｜ 3～6岁 优备力

2.切好的胡萝卜和橙子放入搅拌机，加适量水，搅拌成果汁即可饮用（不要过滤去渣）。

花生拌菠菜

菠菜200克，花生仁50克，熟芝麻20克，芝麻油5克，糖、醋、盐适量

1.花生仁用温油炸香炸透。

2.菠菜洗净放开水锅内烫熟，再放入冷水中冷却一下，捞出沥水。

3.熟菠菜切段，加盐、糖、醋、芝麻油拌匀，撒上芝麻和花生即可。

提醒妈妈

注意饮食，控制体重

到了孕晚期，淀粉类主食、甜食、含糖较多的食物，以及太油腻的食物，准妈妈都要适当控制，防止自身和宝宝体重增长太多、太快，给分娩造成麻烦。

偏食妈妈可能生个偏食宝宝

研究表明，孩子在饮食上的喜好与其母亲在怀孕及哺乳期间所进食的食物有着异常密切的关联。准妈妈每天所摄取的食物可能会直接影响到自己的胎儿，使孩子间接地受到母亲的遗传。如果准妈妈在怀孕期间能够尽量保持饮食的丰富均衡，就能很大限度地避免宝宝在长大后出现严重的偏食现象。

（三）舒适美丽过孕期

体重篇　怀孕不同时期需要注意的体重问题

体重是最能反映准妈妈和胎儿身体状况的重要指标。体重的急剧增加或者一定时期内不增加，都必须要引起医生的重视。当体重发生急速增加的时候，可能预示机体的异常，如隐性水肿。孕期体重增长过多，可增加妊娠期糖尿病或妊娠高血压疾病的风险。孕妇过度肥胖会使产道阻力增加，同时机体本身的负担加重使分娩的时间延长，难产的风险增加。相反孕期体重不增或增长缓慢也是值得注意的，可能提示胎儿生长受限。

怀孕不同时期，需要关注的体重问题也有不同。

孕早期：是否因为妊娠反应剧烈导致体重骤减？

正常的妊娠反应不会导致体重的增减，但是，如果发生剧烈的孕吐影响进食，甚至严重呕吐，可导致代谢紊乱，影响妈妈和胎儿的健康，这时应积极去看医生，进行适当的处理可缓解症状，确保平安。

孕中期：体重是否发生急剧增加？

妊娠反应消失后，体重会进入缓慢上升的阶段。一般情况下，每周增加的体重在0.5公斤以内。如果增加0.5公斤以上，就要咨询医生，排除潜在的疾病后，调整饮食和运动。

孕晚期：体重的增长值会成为判断是否患有妊娠高血压的参考值。

在孕晚期妊娠高血压的发病率会突然增高。不过不用紧张，单纯的体重增加并不能成为诊断的唯一标准。因为这个阶段准妈妈的身体容易出现浮肿，所以一些没有患妊娠高血压疾病的准妈妈也可能会体重超标。

行动篇　准妈妈日常生活的5种正确姿势

姿势	容易犯的错误	坏影响	正确的姿势
站姿	驼背 腆着肚子	过度压迫腰椎，造成腰酸背痛	脊柱伸直，抬头挺胸 双脚打开，膝盖微弯 坐骨朝向地板，不要翘臀
坐姿	远离桌子，手伸过直 腰部悬空，没有支撑	挤压了腹部的空间，同时容易造成肩颈不舒服	用垫子或者枕头支撑腰部。让手臂靠在桌面上，有所支撑 不要将身体过度前倾
高处取物	踮脚 站在不稳定的椅子上	重心不稳，容易发生意外	首先要找到一个非常固定的台阶 拿东西的时候一定要双手接物，膝关节略微弯曲 身体不要往前倾和后仰，两脚一定宽于肩部
捡拾物品	不弯曲膝盖，直接弯腰，低头。从远离物品的地方伸手取物。	容易压迫肚子	先靠近要捡起来的东西，屈膝，完全下蹲 单腿跪下，把要拿的东西紧靠住自己的身体，伸直双膝拿起
睡姿	仰卧	平躺的睡觉姿势会使子宫的重量全部压在后背、肠胃部和下肢静脉，从而影响血液循环和呼吸	最好是左侧卧 用垫子或者几个枕头分别支撑腰部和腹部

美肤篇　提前预防妊娠纹

　　妊娠纹就是皮肤上狭小的、有凹陷的细纹，通常由于皮肤被过度拉抻，导致皮肤的弹性支撑组织断裂而产生的。妊娠纹一旦产生就不太容易消失，因此产前的预防和保养很重要。

- 控制体重，合理增长。因为短时间的大量增重会导致皮肤受到更大的外力拉扯。
- 补充水和蛋白质。通过饮食加强皮肤弹性，从而更好地抵御外力牵拉带来的损伤。
- 使用保湿性好的身体乳。注意保湿和增强皮肤弹性，可以使用一些专门针对妊娠纹设计的油状或膏状的产品。这些护肤品通常富含胶原蛋白、透明质酸和弹性蛋白，应该从妊娠初期就开始使用，让皮肤为即将到来的腹部隆起做好准备。

孕期的皮肤按摩法

　　使用身体乳时，配合适当的按摩，效果更好：

乳房：涂抹乳房时，可以从乳沟作起点，以指腹由下至上、由内至外轻轻画圈按摩，直至贴近下巴的脖子为止。

腹部：以肚脐为起点，以顺时针方向不断地画圈按摩，画圈时应由小至大向外扩散，直至均匀地涂满整个肚皮为止。

背部：双手由脊柱的中心往两侧按摩10次。

臀部：涂抹时可将双手放在臀部下方，用手腕的力量由下往上、由内至外轻轻按摩即可。

大腿：以膝盖为起点，由后侧往上推向髋部10次。

情绪篇　快乐——你能送给宝宝的最好礼物

　　良好、乐观的情绪有利于胎儿身心发育，所以孕期准妈妈应尽量调整心态，保持良好的情绪，避免情绪波动。长期严重的焦虑、抑郁、紧张等不良情绪，会对胎儿和成年后的性格、心理素质等产生影响，严重的精神刺激还会引起早产等不良后果。营造和谐的家庭氛围，对孕妇不良情绪的排解是非常必要的，要注意以下几点：

　　1.密切夫妻关系，丈夫及家人应给予孕妇充分的关怀和爱护，家庭中每个成员都要以愉快的心情来迎接宝宝的诞生。

　　2.准妈妈本身也要乐观自信，妈妈健康快乐，宝宝才能健康快乐。

　　3.遇到困难，应和亲戚朋友及医生沟通，寻求支持和帮助。

　　4.缓解生活、学习和工作上的压力，全身心地准备孕育新生命。

准爸爸篇　准爸爸可以做的4件事：

1.陪同产检

　　尽量陪你的妻子去接受每次的产前检查，或者至少在重要检查的时候，比如第一次做B超，要陪她去。你的陪伴很重要，至少能让准妈妈觉得心安。

2.帮她缓解身体的不适

　　最好能学习一点简单的按摩手法，帮助准妈妈缓解巨大的身体负担带来的不适。肩颈和脚的按摩都是很适合的。

3.参与决定育儿细节

　　是剖宫产还是自己生？用纸尿裤还是尿布？要不要陪产？如何给宝宝布置房间等等，这些问题绝对不是准妈妈自己的问题，准爸爸也要了解相关知识，提供自己的判断和意见。

4.保证自己的健康状态

　　在准妈妈努力调整自己的饮食和生活习惯的同时，你也可以通过陪着她一起做这些生活方式上的改变，来给她以支持和鼓励。你要戒除那些对宝宝有害的食物，少喝酒或干脆戒掉，还要不吸烟。

（四）健康安全过孕期

预防篇　预防妊娠糖尿病

妊娠期糖尿病是某些孕妇在怀孕期间出现的一类糖尿病，这是怀孕期间最常见的健康问题之一，有6%～7%的孕妇会发生妊娠期糖尿病。

怀孕以后由于胎盘和胎儿肾上腺具有分泌激素的功能，其中一些激素可以干扰母体内分泌系统，例如胎盘合成的胎盘生乳素、雌激素、孕激素等都具有拮抗胰岛素的功能，使孕妇体内组织对胰岛素的敏感性下降，容易发生糖代谢紊乱甚至糖尿病。糖尿病早期通常不会感觉有什么症状，但对准妈妈和胎儿危害极大，孕妇产后发生糖尿病的几率也大大增加。

因此，每一个孕妇都应在怀孕24～28周做糖尿病筛查。有肥胖、糖尿病家族史、巨大儿生育史、不明原因死胎、流产、畸胎等高危因素的孕妇，还应提前检查时间。

预防篇　预防妊娠高血压

妊娠高血压也称妊高征，一般发于孕中晚期，易患人群是高龄初产妇、超重、或有家族史的准妈妈。临床表现有高血压、蛋白尿、水肿、头晕，甚至威胁到母婴安全。

准妈妈应该做到以下几点，可以帮助预防妊高征的发生：

1.注意孕期营养，应进食富含蛋白质、维生素和微量元素的食物及新鲜蔬果，减少动物脂肪及过量盐的摄入，控制体重增长。

2.生活规律、戒烟戒酒，保持心情愉悦，定期产前检查。

3.合理活动，建议孕妇选择温和的运动方式，比如散步。

4.补充钙剂对预防妊娠高血压疾病的发生有一定的帮助。

预防篇　预防下肢静脉曲张

静脉曲张是指静脉"肿胀"，它最可能在你的腿部出现，但也可见于外阴部或其他部位。静脉曲张的症状很明显，表现是在接近皮肤表面的地方凸出来，有时呈蓝色或紫色，看起来弯弯曲曲的。

孕晚期由于增大的子宫压迫腔内静脉，阻碍下肢静脉的血液回流。若久站或久坐，因重力的影响，容易使身体低垂部位的静脉扩张、血容量增加、血液回流缓慢，造成较多的静脉血潴留于下肢内，导致下肢静脉曲张。常表现为下肢酸痛，小腿隐痛，踝及足背部水肿，行动不便。

准妈妈负重或举重时，一方面可使腹压增高，另一方面可加重子宫前倾下垂的程度，从而刺激诱发子宫收缩。所以，妊娠期间还应避免负重或举重，以免引起下肢静脉曲张、流产、胎膜早破或早产。

睡眠篇　4个秘诀帮你睡个好觉

睡不好觉是很多准妈妈经常抱怨的事情，如果你也有这样的烦恼，可以试试下面这些方法：

秘诀一：将床头或床脚垫高

将床头垫高5～10厘米，使准妈妈的身体处于头高脚低的状态，可以帮助有效缓解胃灼热，而将床脚垫高可以缓解腿部浮肿。

秘诀二：枕头垫子来帮忙

很多准妈妈在孕期过半时就会经常感觉腰酸背痛，即使是躺在床上，这种情况也不见好转。这是激素改变导致韧带松弛，而使腰背部肌肉承担了过多的负担导致的。试试在睡觉的时候侧卧，在背部与床之间、肚子与床之间、两腿中间、上面那条腿的下方及手臂下方垫上5个薄厚不同的垫子，立刻就会减轻负担，充分缓解不适，让你安心入睡。

秘诀三：注意补钙，缓解腿抽筋

腿抽筋也是影响准妈妈睡眠质量的一个因素，尤其是在孕中晚期。这主要是由于胎儿快速生长使钙需求量增加，导致准妈妈体内钙、磷、镁失衡的结果。可以尝试临睡前服用钙补充剂，或者喝一小杯温热的的牛奶，这都有助于补充钙质，减少腿抽筋，帮助睡眠。

秘诀四：睡前适当运动，睡得更香

选择在睡前3个小时适当运动，既不会使人兴奋，又有助于提高睡眠质量，睡得更香。对于准妈妈来说，最好的运动无异于散步。晚饭后1小时，散步半小时以上，不仅有助于睡眠，还能增强体质，为顺产做好准备。

安全篇　孕期安全特别提示

环境安全：避免铅暴露

孕妇吸收的铅90%会通过胎盘传输给胎儿。如果母体血铅水平升高，会造成胎儿铅接触水平的增加，导致胎儿先天性铅中毒。孕妇是铅毒性的高危人群，应该注意脱离铅污染环境，以免危及腹中胎儿。

生活中的铅主要来源有：彩釉、中药中的某些配方、化妆品、传统制作的爆米花及皮蛋，汽油、旧建筑物的墙壁油漆脱落物等等。因此准妈妈应该提高这方面的意识，尽量避免与含铅量高的物质接触。比如远离汽车尾气，使用无铅汽油。怀孕后少去正在装修或刚刚完成装修的房间，不要接触油漆等建材。不吃皮蛋和传统方法制作的爆米花。

用药安全：不同时期药物对胎儿的影响不同

许多药物会对胎儿有影响。药物对胎儿的损伤，因妊娠的不同时期而各有不同。

一起来了解孕期用药的一些基本原则：

- 应注意孕前用药的效应，如避孕药或毒性较大的药物，应停药6个月以后再妊娠。妊娠晚期用药，应注意产后对新生儿的影响。

- 能避免或可暂时停用的药，可考虑不用或暂时不用；
- 任何药物均应在医生指导下使用，不可自己滥用或听信秘方、偏方之类。
- 如孕妇患病，必须使用药物，而这种药物又是肯定对胎儿不利时，应该使用该药物，同时及早终止妊娠。
- 中药或中成药可按"孕妇慎用"、"孕妇禁用"原则执行。

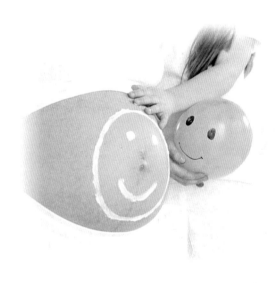

提醒妈妈

注意:远离烟酒最重要! 少喝咖啡和浓茶!

　　吸烟是对胎儿健康影响最大的有害因素之一,要完全停止吸烟。烟草燃烧产生烟雾中,含有1200多种化合物,其中约500种对人体有害。尼古丁可导致胎盘早剥,妊娠高血压和子痫等。一氧化碳则与血红蛋白结合,成为一氧化碳血红蛋白,不能运送氧气,使胎儿供氧气不足。据统计,吸烟的准妈妈比不吸烟的自然流产和早产率都要高,新生儿低体重的多,还会造成畸形。特别注意被动吸烟也会损害胎儿,甚至是造成婴儿死亡的原因之一,所以丈夫在妻子怀孕期间最好戒烟。

　　酒精也是日常生活中较常见的致畸剂之一。酒精在受孕前可影响精子和卵子的质量,受孕后则影响胚胎的发育。准妈妈饮酒可引起胎盘血管痉挛、胎儿缺氧而影响胎儿发育,产生低体重或畸形。酒精对胎儿的有害作用,主要是损伤脑细胞,导致不同程度的智力低下。所以最好在妊娠期间根本不饮酒,更不能饮烈性酒。此外,孕妇不宜饮用过量的茶和咖啡,因为咖啡和茶中都含有咖啡因。虽然目前尚未有饮用咖啡或含咖啡因的饮料与人类畸形有直接相关的报道,但在药物对胎儿致畸的动物实验中发现,咖啡因能引起小动物畸形。准妈妈最好适当减少茶或咖啡的饮用量,并应避免饮用浓茶或浓咖啡。

孕期 优蕴力

⬇ 0～6个月 优长力 ● 6～12个月 优抗力 🎓 1～3岁 优创力 🏃 3～6岁 优智力

工作篇　职场准妈妈自我保护3注意

　　绝大多数准妈妈在怀孕期间还要坚持工作，但是因为宝宝在一天天长大，会给准妈妈的身体带来不小的变化。准妈妈一定要学会保护自己，让自己舒服一点，让宝宝健康一点。

1.注意姿势！

　　准妈妈的脊柱弯曲程度会随着时间发生变化，以便给胎儿更多的空间并帮助准妈妈的身体找到新的平衡。在此期间，准妈妈的腹部肌肉会日渐松弛，以容纳日益膨胀的子宫，但背部肌肉却承担了更大的压力。因此，准妈妈常会感到腰背酸痛，尤其是在长时间坐着工作的时候。

给准妈妈的建议

- 不时变换姿势：可以把双腿放在一个小板凳上，加速血液流动；至少每个小时要站起来活动一次，可以踮脚站一会儿或走几步，帮助血液循环。
- 腰背要贴近椅背：这种姿势可以让背部挺直，让椅背承受身体的重量，减轻腰背肌肉的负担。

提醒妈妈

缓解腰背酸痛，准妈妈可以尝试一些简单的小运动

- 双脚平放在地面上坐好，双手自然下垂，身体慢慢向右侧倾斜，身体回正；然后向左倾斜，回正。重复做20次。
- 坐好后身体向左微转，用右手尝试触摸椅背左侧边缘，几秒钟后身体回正；然后向右做同样动作。左右各重复10次。
- 坐或站均可，双脚分开，双膝微微弯曲，两臂自然下垂，下颌微微收起，双肩做圆周运动。

2. 注意饮食！

午餐时间到了，职场准妈妈通常有两种选择：吃从家中带来的饭菜，或是在附近的餐厅就餐。然而不管在哪里吃，营养全面均衡是必须保证的。

给准妈妈的建议

- 如果吃自带午餐：建议准妈妈多选择蔬菜和高蛋白的食物。比如各种鱼类、牛肉，少吃猪肉等脂肪含量高的肉类。生吃新鲜蔬菜和水果，能补充膳食纤维和各种维生素，而且热量较低，不会导致超重。

- 如果去餐厅吃午餐：要注意饮食营养平衡，注意蔬菜和肉类的搭配，少吃或者不吃油多、调料味道重的菜肴。尽量去卫生有保证的餐馆吃饭，即使再嘴馋，也不要去路边摊、小餐馆等卫生没保证的地方用餐。因为一旦由于饮食不洁，引起剧烈腹泻，可能会引发子宫收缩导致流产。

3. 注意交通！

妊娠末期，当准妈妈的身体越来越沉重，无论是乘坐公交车还是私家车出行，都将会是一项日益艰苦和劳累的任务。

给准妈妈的建议

- 如果乘公交车上下班：最好早几分钟出门，躲开出行高峰时段。如果乘车时没人主动给让座，可以大胆地主动向他人要求。在任何时候都要注意抓好扶手，以免急刹车的时候摔倒。

- 如果自己开车出行：记住一定要系好安全带。安全带的斜带部分应该从胸部中间跨过，而腿部横带部分应系在腹部下面。

运动篇　孕期适当锻炼的4个好处

1.促进血液循环，增加胎盘的供血量，有利于胎儿发育；

2.保持肌肉张力，减少脂肪沉积，防止体重超重，利于产后身体的恢复；

3.增加盆底肌的力量，从而使分娩过程顺利进行；

4.调节心情，缓解紧张焦虑情绪，减少孕期和产后抑郁症的发生；还可以减轻背痛等妊娠症状。

　　但孕期锻炼一定要非常小心和适度，过度的锻炼会导致血流从子宫流向肌肉，运动产生的热量使孕妇体温升高，这些都不利于母婴的健康。孕早期如果过量运动，易引起早产。因此，对孕妇来说，特别是平素体弱、肥胖、习惯于久坐的人，应在医生指导下做些短时间缓和的活动即可。

母乳篇　提早准备母乳喂养

　　母乳喂养是做妈妈之后马上就要面临的一项重要任务，我们建议准妈妈从孕期开始就充分做好身体、心理和知识的准备。

提早学习相关的婴儿哺乳知识

　　准妈妈应该了解母乳喂养的好处：营养丰富、最适合婴儿；能增强婴儿的免疫能力，预防感染；促进母亲产后恢复；增进母子感情；经济、方便。

及时更换胸罩，保证乳房的舒适

　　在整个孕期和哺乳期都应该根据乳房的大小调换乳罩的大小和罩杯形状，并保持吊带有一定拉力，将乳房向上托起，以保证血液循环通畅以及避免乳汁潴留淤滞，防止日后乳房下垂。最好使用纯棉质地的乳罩。

适度增加乳头的适应性

　　孕晚期和哺乳期，由于乳房增大，血管增加。支配的神经也增多，变得更加敏感。因此，在孕期增加乳头的适应性是十分重要的。可以用手按摩乳房或用毛巾擦洗乳头，但要注意动作不要过于粗暴，适可而止。一旦发现由于刺激乳头引起宫缩，就应停止，以防发生早产。

清洗乳头要特别注意

　　乳头应该保持清洁和干燥，但最好不要用肥皂水或酒精清洗乳头，因为这样会使乳头表面的天然润滑物被洗掉，导致乳头干裂。

（五）成长需要的心理营养

准妈妈和胎儿沟通的四个轻松方式

妈妈和宝宝的亲密关系是童年时期最重要的事，是孩子一生的情绪和性格发展的基础。而这种亲密关系的建立，从孕期就可以开始了，妈妈和胎儿之间爱的流动比智力的发展、物质的储备更有利于孩子的成长。

1.想象着宝宝的模样，更能让你放松：准妈妈在做到精神上放松的同时，要多激发右脑的想象力，一边想象着肚中宝宝的模样，一边与胎儿进行沟通，这会让沟通变得更加轻松，而不再是一种"负担"。

2.给胎儿读一本图画书：在丰富胎儿的想象力和情感方面，图画书（绘本）是非常好的读物。建议准妈妈和准爸爸们可以一边在自己头脑中想象着绘本中的风景，一边声情并茂地读给肚子里的宝宝听。这样自己不仅能享受其中，也让Ta感受到你的喜悦。

3.轻敲肚子游戏：这是一种很有趣的准妈妈与胎儿沟通的方式。准妈妈轻轻敲击自己的肚皮，胎儿通常会给予一个回应。这个简单的小游戏不仅可以与肚中的胎儿建立"联系"，形成互动，而且会带来浓浓的幸福感觉。由于有羊水的保护，完全不必担心轻敲所产生的震动会威胁胎儿的健康。

4.请宝宝听你喜欢的音乐：胎儿在6个月大时，随着听力的发育，已经可以听到外界的声响了，特别是妈妈的声音，所以准妈妈不妨多听听或哼唱包括童谣在内的各种类型的音乐。动听的音乐，可以让准妈妈和宝宝的身心得到放松。宝宝所喜欢的音乐节奏，往往比较舒缓悠扬，与准妈妈的心率相近，差不多每分钟70拍左右。

提醒妈妈

如何和宝宝沟通

　　虽然古典音乐被大家视为最适合胎教的音乐，如果准妈妈自己并不喜欢，也完全不必勉强自己。只要准妈妈自己喜欢并能放松于其中，哪怕是稍微活泼动感的音乐也没有问题。现在有些妈妈喜欢将耳机放到肚皮上给宝宝听音乐，其实大可不必。因为按照声学原理，胎儿在子宫内最终收到的音乐是严重失真的，而且过大的声波还有可能对胎儿的躯体和听觉器官造成伤害。总的来说，听音乐的胎教方式并非只为了让胎儿拥有乐感，准妈妈和胎儿能一起享受其中才是最重要的。

（六）妈妈最关心的问题和解答

问：怀孕后可以养宠物吗？

答：孕妇最好远离宠物，以预防弓形虫病。同时，接触生肉后应用肥皂仔细洗手，家中的厨具生熟加工要分开。不要吃未熟透的肉，尤其是在吃火锅或是烧烤的时候。同时注意增强免疫力，降低感染几率。妊娠期感染弓形虫，虫体可以通过胎盘导致胎儿感染。在孕早期更需谨慎，可以引起死胎，少数可致先天性弓形体病，表现为脑积水、脑钙化灶、脉络膜视网膜炎以及精神运动障碍等。

问：孕期小腿抽筋怎么办？

答：及时补钙很重要。怀孕后，尤其是妊娠晚期，孕妇对钙的需求量增多。如果不能及时补充足量的钙，既不能满足胎儿生长发育的需要，也会影响孕妇神经、骨骼、肌肉代谢，不能维持正常神经肌肉的兴奋性，会导致孕妇出现小腿抽筋、疲乏、倦怠，产后出现骨软化和牙齿疏松或牙齿脱落等现象。所以孕中、晚期应该补充足够的钙和维生素D，按摩发生痉挛的小腿肚或脚，并且要注意下肢保暖。

问：怀孕后还能烫发、染发、化妆吗？

答：一般来说，染发液、烫发液、口红及指甲油等化妆品都含有颜料或合成化学剂等。这些化学物质对人体还是有一定的毒性作用，也可能影响胎儿的生长发育，所以怀孕后尽量不要烫発、染发和化妆（如涂口红、指甲油）。此外涂口红、指甲油还会影响医生判断孕妇是否患有贫血。

不过，怀孕期仍然可以适量使用护肤品，如滋润霜和防晒霜等。

问：妊娠呕吐严重怎么办？

答：妊娠呕吐是在妊娠早期并发、以不同程度恶心、呕吐为主要症状的症候群，多数认为与妊娠后血中绒毛膜促性腺激素水平升高有关。轻度呕吐不用太担心，准妈妈要保持放松的心情，选择清淡、易消化的食物，必要时可以采取少吃多餐的形式。同时避免油腻、过甜的食物，注意适当休息。

一些小办法也可以帮助缓解呕吐：（1）起床前进食，早晨起床前可进食饼干、馒头、牛奶等自己喜欢的食物，然后静卧半小时。（2）少量多餐，可将一天的饮食分多次进食，可在正餐之间加几顿点心。（3）想吃就吃，随时准备一些自己喜欢的食物，不吐就吃，吐后再吃，再吐再吃，保持一定的进食量。

如果呕吐频繁，进食困难，经上述措施不能缓解，或者呕吐物中有胆汁或咖啡渣样物，应及时到医院就诊，给予静脉输液补充所需营养素。

（七）迎接新生命

选医院的三个热门问题

问：准妈妈在选择生宝宝的医院时应该考虑哪些因素？

答：医院的口碑、医生的技术是最基础的，此外，家离医院的距离、医院的环境和病房的舒适度也很重要，是否可以陪产，预约、挂号的难易程度和时间成本需要一并考虑。同时医院是否有能力提供自体输血，是否有完备的血液供应，是否配有血库也很重要。对于Rh阴性血的准妈妈来说，尤其如此。

问：选择综合医院还是妇产医院？

答：医疗技术的发展，使生育孩子的风险大大降低。妇产医院和综合医院都是很好的选择，准妈妈可以根据自身的情况来决定。比如孕妇患有某种疾病，如有妊娠合并糖尿病、心脏疾病等等，可能需要外科、内科、心脏科或者新生儿科的支持，应当考虑选择综合医院。如果孕妇身体健康，胎儿发育正常，孕妇无重大家族病史，可考虑妇产专科医院。

问：选择哪种级别的医院？

答：生产是女性正常的生理过程，并不是疾病，这是每个女性一生中最美妙的时刻，妈妈不必抱着治病的心态来选择医院，一家经验丰富，技术过硬，口碑良好的医院足以实现整个生产过程，不必苛求医院的等级。

准备好你的待产包

妈妈用品

*洗漱用品： ☐ 牙膏 ☐ 漱口杯 ☐ 香皂
☐ 梳子 ☐ 牙刷 ☐ 毛巾3条（洗脸、清洁乳房或热敷用）
☐ 水盆3个（洗脸盆、清洁乳房或热敷盆、洗脚盆）

* 表示必备用品

*卫生用品： ☐ 餐巾纸 ☐ 卫生纸 ☐ 特殊或加长加大的卫生巾

*衣裤鞋袜： ☐ 棉内裤3~4条或一次性内裤若干
☐ 棉袜（建议进入产房时穿着保暖） ☐ 润肤霜 ☐ 前开襟睡衣 ☐ 出院穿着的衣物
☐ 拖鞋

*哺乳专用： ☐ 哺乳胸罩或大号乳罩 ☐ 吸奶器 ☐ 防溢乳垫或纱布若干条

*食 物： ☐ 巧克力 ☐ 红糖

*餐 具： ☐ 饭盒 ☐ 筷子 ☐ 勺子 ☐ 水杯 ☐ 洗洁精

通讯留念： ☐ 手机 ☐ 数码相机 ☐ 录音者/录音笔 摄像机 ☐ 各自的配套充电器

新生宝宝用品

喂养用品： ☐ 奶瓶（严否尽量让宝宝多吸几叼） ☐ 奶瓶刷 ☐ 配方奶（小袋装即可，以备母乳不足时使用）
☐ 奶瓶消毒锅 ☐ 奶瓶刷 ☐ 配方奶

婴儿护肤： ☐ 婴儿奶粉 ☐ 婴儿护臀膏 ☐ 纸尿裤或棉质尿布
☐ 婴儿润肤露 ☐ 婴儿湿巾

服装用品： ☐ 和尚领内衣 ☐ 婴儿帽 ☐ 出院穿着的衣物和包被（根据季节准备）

证件资料类 以下为建议内容，证件资料请根据不同医院的提示而要求准备。

* 户口本或身份证 * 准生证 * 住院或手术金
* 医疗保险或生育保险卡 孕妈妈保健手册（如果妈妈是乙肝患者，乙型肝炎登录表也需要带）

临产莫惊慌

哪些迹象表明宝宝就要降生了？什么时候该去医院呢？

临产征兆1——见红

- 通常是红色、粉红色或浅褐色的黏性液体。
- 一般在分娩前24～48小时内出现，但因人而异，也有在分娩1周前就出现少许见红的情况。

注意：见红后，如果没有出现宫缩或宫缩间隔较长，且出血量明显少于月经量，可以先在家休息，做好去医院的准备，等到出现有规律的宫缩即4～5分钟一次、每次持续30～40秒时再去医院。如果出血量大，明显多于月经量，则需立刻去医院。

临产征兆2——胎膜早破

- 胎膜早破（俗称"早破水"）的特征：准妈妈会突然感觉到有较多的液体从阴道排出，然后会持续有少量液体不断流出。通常是持续的，很容易与小便失禁相区别。

注意：首先准妈妈要保持镇定，你在常规的产检中，已经了解了胎位情况。胎膜早破时，如果胎儿是头位，只要不剧烈活动，立即去医院即可。如果胎儿是头浮位或者臀位，为防止脐带脱垂，要采取平卧的姿势，将臀部垫高，马上去医院，必要时可以叫急救车。

临产征兆3——有规律的宫缩

● 规律宫缩的特征：4~5分钟一次、每次持续30~40秒。

注意：有些准妈妈没有见红也没有破水就已经开始了宫缩，如果阵痛时间间隔较长，持续时间较短的话，可以在家先观察，多休息，适当活动一下，比如洗个澡、吃点东西，为分娩做好准备。等到宫缩达到4~5分钟一次、每次持续30~40秒的规律就可以去医院了。

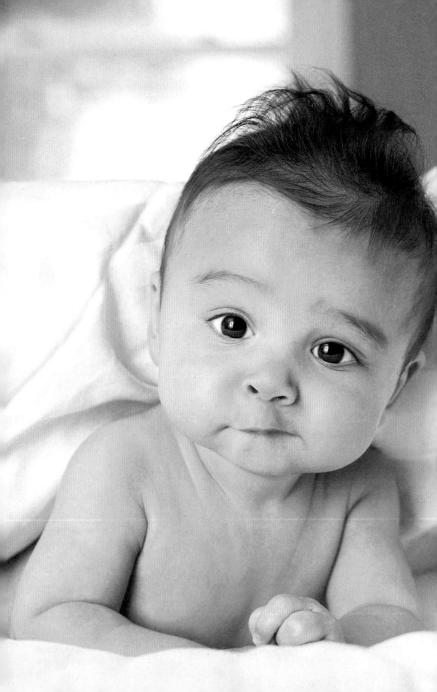

0～6个月——
优化力

　　宝宝出生了！盼望了9个月，当终于可以将宝宝拥入怀抱时，妈妈的内心既疲惫又喜悦，既激动又不知所措。你面前的这个小生命，看似娇小脆弱，其实拥有巨大的生命潜力，他已经跃跃欲试，将要开始人生中最快的生长历程。新妈妈当然要倾尽全力保护和照顾好宝宝，但同时也要注意自己的休息和身体恢复。

（一）了解0～6个月的宝宝

本阶段宝宝的成长里程碑

对于刚出生的宝宝来说，除了睡觉，最重要的事情就是吃奶了。小宝宝娇嫩的肠胃还远远没有发育成熟，需要妈妈精心地呵护。作为一个新手妈妈，真的有必要了解一下宝宝在这个阶段的成长特点和他消化系统的发育规律。你需要记住：

1个月	• 不要小看新生儿吮吸能力，这是他们与生俱来的本事，天生就是吃奶的高手呢。不过他们的胃容量还比较小，每次喝奶的量还很少 • 能注视眼前活动的物体，并追视，只能看到黑白的物体 • 能自动发出各种细小的喉音。当妈妈与宝宝说话时宝宝会注视妈妈的面孔
2个月	• 婴儿的口腔很小，黏膜又薄又嫩，容易受到伤害，喂奶的时候要小心谨慎。如果非母乳喂养，要选择柔软，适合新生儿口腔的奶嘴 • 能看清楚３０厘米以内的物体 • 仍然不能看清楚３０厘米以外的物体，会朝着有声音的方向看 • 可以勉强抬头并向四周张望，但通常只能持续１～２秒钟 • 睡眠时间逐渐减少，每天有4～5个小时是醒着的
3个月	• 小婴儿的食道短，胃容量小，消化功能也尚未成熟，因此经常会发生漾奶的状况

3个月	• 逗他时会非常高兴并发出欢快的笑声，能发出清晰的"啊、噢、呜"音
	• 这个时期是宝宝体格发育最快的时候，宝宝体态已经较丰满，看起来有些圆滚滚的感觉
4个月	• 见到熟悉的面孔，能自发地微笑
	• 有的宝宝借助爸爸妈妈的帮助，已经可以翻身了
	• 后囟门闭合
	• 竖抱时脖子已经可以稳定地支撑头了
5个月	• 随着宝宝胃容量的增加，妈妈的喂奶间隔可以适当延长，喂奶的时间也可以逐渐稳定了
	• 手眼逐渐协调，能准确看到面前的物品
	• 多数宝宝可以靠着垫子坐了
	• 宝宝的眉眼等五官"长开了"，变得更可爱了
6个月	• 宝宝的各种消化酶仍然尚未发育成熟
	• 认识镜子里的自己，听到自己名字的时候会有反应
	• 有的宝宝已经开始长牙了，常是最先长出两颗下门牙，然后长出上门牙

"小马达"开始启动了，宝宝进入快速生长期

刚出生的宝宝看起来娇嫩脆弱，其实却拥有巨大的"能力"。作为爸爸妈妈共同的"作品"，他身体的各项机能都在跃跃欲试，开始了人生最初的运转。

- 第一声哭：宝宝的呼吸系统启动了。
- 剪断脐带：宝宝自身独立的血液循环开始运转。
- 吮吸到第一口奶：宝宝的消化系统开始运转。
- 迎接到妈妈的第一次搂抱和注视：宝宝与周围环境的最初互动开始了。

各项能力迅速成长，需要稳定摄入高品质的营养素

小宝宝的成长是以天计，甚至是以小时计的。他的各种感觉器官，身体的活动能力以及感知和情绪都在迅速发展。高速的发育对营养的要求也非常高，需要能量、蛋白质，各种维生素和矿物质来支持日常活动和快速的发育。

消化系统尚未成熟

新生宝宝的消化系统还没有发育成熟，不能消化固体食物，因此奶类，尤其是非常容易消化吸收的母乳是他们最理想的食物。新生宝宝的胃也比较小，消耗的奶量有限，因此在出生的头几个月，他每天需要吃很多次奶，妈妈应该按需喂奶。

本阶段妈妈的
重要任务

呵护宝宝柔弱的消化系统

消化系统是人体非常重要的一个部分。它的组成部分包括：口腔、食管、胃、肝、肠等。消化系统的功能：一方面把我们吃进去的食物分解为能量和营养物质，然后供给身体细胞吸收，从而促进生长发育，为维持健康和身体活动提供能量和营养物质；另一方面消化系统也帮助清理废物和毒物，将它们排出体外。

0～6个月，是宝宝一生中生长发育最快的阶段之一。因此，宝宝需要消化吸收大量的营养成分，以满足快速成长的需要。然而，宝宝的消化系统是一个逐渐成熟的过程。在这个阶段，宝宝的消化酶功能还不健全，比如，新生儿的唾液腺还没有发育完善，直到3～4个月，才开始口水横流，促进消化的淀粉酶随之增加。此时宝宝的肠蠕动也不稳定，因此他们更容易发生呕吐、腹泻的事情。

另外宝宝的胃呈水平位，也就是常说的"胃浅"，这也是为什么半岁以内的婴儿经常会发生漾奶的原因。妈妈在喂奶后，一定要注意竖直抱起宝宝"拍嗝"，减少吐奶现象。不过这些妈妈不要害怕担心，这是孩子成长必经的道路，随着他们长大，一切都会慢慢变得好起来。

孕期 优孕力

0～6个月 优化力

6～12个月 优护力

1～3岁 优创力

3～6岁 优备力

你知道吗？ 新生宝宝的胃容量有多小：

年龄	胃容量（ml）	相当大小
1天	5~7	一个弹珠和榛子
2天	22~27	宝宝的拳头
10天	45~60	一个高尔夫或乒乓球
1~3个月	90~150	一个橘子
1岁	250~300	成人的拳头
成人	900	一个木瓜

提醒妈妈

肠道菌群的建立有助于消化系统的健康

　　保证消化系统健康的一条重要途径是保持肠道菌群平衡，确保乳酸杆菌、双歧杆菌等有益菌群多于有害菌群。有益菌群的形成与宝宝摄入的食物种类密切相关。母乳喂养就是帮助肠道菌群建立的最佳方法。这是因为，母乳中含丰富的益生元，有益于促进有益菌群的生长。

　　所以，在这个阶段重点呵护宝宝的消化系统，有助于帮助宝宝更好地吸收营养，从而更健康地快速成长。

益生元有助于消化系统的健康

　　在分娩过程中，母亲肠道和产道中的细菌接种到新生儿体内，包括有益细菌和有害细菌。宝宝肠道中的有益菌为消化系统的健康奠定了基础。母乳中含有益生元，益生元可促进有益菌的生长，有助于减少有害细菌的生长，从而有助保持宝宝消化系统中肠道菌群的平衡，促进宝宝消化系统健康。

　　实验表明，特别配比的益生元组合(0.8g/100ml GOS:FOS=9:1)，可以软化婴儿大便，从而有助于消化系统的健康。

（二）营养建议：母乳喂养好

母乳：宝宝的最佳食物

营养专家和医生认为，母乳是宝宝最天然，最理想的食物。只要有条件，新妈妈都应该为宝宝提供纯母乳喂养。

世界卫生组织（WHO）在关于宝宝的喂养方面的建议是："6个月内纯母乳喂养是宝宝最佳食物，之后添加辅食，同时继续母乳喂养至2岁或2岁以上。"

母乳到底有多好？

母乳的营养成分含量比例是最适合宝宝身体需求的，是其他食物不能替代的。

- 母乳更能满足生长发育的各种营养需求。

母乳非常适合宝宝大脑的迅速发育，尤其在初乳中，锌、铜、碘含量丰富，矿物质总含量低，能减少对肾脏的负担。母乳中含有的必需脂肪酸是宝宝脑、眼及血管健康所必需的物质。

- 母乳更适合宝宝消化吸收。

母乳蛋白质含量适当，质量好，脂肪酸颗粒小，适合宝宝的尚未发育成熟的肠胃。母乳的铁吸收率高于牛奶5倍；钙、磷含量及比例适当，利于钙的吸收。

- 母乳更适合建立健康的肠道环境。

母乳中的各类酶和活性因子有助于肠道内产生有益的双歧杆菌和乳酸杆菌，能抑制致病菌的生长，有利于保持健康的肠道环境。

- 母乳能减少过敏的发生。

母乳中过敏原较少，减少了对宝宝肠道的刺激，减少湿疹、腹泻、腹痛等不耐受症状的发生。

母乳神奇之处你知道吗？

- 母乳的成分会伴随着宝宝不同生长发育时期的需求而随之调整。
- 母乳的抗感染因子会在妈妈被感染时，激活体内的白细胞，产生抗体，在保护自己的同时，会有抗体分泌入乳汁，保护宝宝。
- 母乳中钙与磷比例适当，适合钙元素的吸收。与牛奶相比更容易让孩子吸收。
- 母乳中铁和维生素C的比例适当，适合铁元素的吸收。铁的吸收率高于牛奶5倍。
- 母乳中含有益生元，能帮助呵护宝宝柔弱的肠胃消化系统。

珍贵的初乳一定要给宝宝吃

　　初乳分泌量虽少，但初乳的营养已足够新生宝宝的每日营养需要，其作用也是任何食物无法替代的。因此，每个妈妈应至少保证宝宝在出生后1周吃到初乳，即使母乳再少或者不准备喂奶的妈妈也都会有初乳，也应及时给宝宝吃。在开始母乳喂养前，最好不要给新生宝宝喂食人工食物，以避免过敏或感染。

母乳喂养对妈妈的5个好处

1.利于妈妈自身的健康。母乳喂养可以减少妈妈患乳腺癌、卵巢癌的危险。

2.简便、卫生、经济。母乳天然消毒、温度适宜、方便易行。

3.有利于产后身体的恢复并延长生育间隔。母乳喂养可以促进妈妈产后的子宫收缩，预防产后及产褥期大出血，有利于子宫恢复。推迟月经复潮而有益于避孕，延长生育间隔。同时，也有助于妈妈较快地恢复正常体形。

4.帮助妈妈消耗孕期和哺乳期的脂肪堆积，有利于恢复身材。

5.母乳喂养使妈妈有幸福感和满足感，增进快乐情绪。

　　所以说，纯母乳喂养不仅对宝宝，对妈妈自身的健康也十分有利。

你知道吗？ 母乳喂养也是最好的情感教育

　　心理学家认为，人的情感健康教育要从儿时开始，而最初的、最好的措施就是母乳喂养。哺喂宝宝时，妈妈会用温柔的眼神看着宝宝的小脸，细声对他说话，轻声为他唱歌，把他攥得紧紧的小手拉开，抚摸他的手心和小脚。这些对宝宝听觉和触觉的刺激，不但传达着妈妈的挚爱，也在促进着宝宝心灵的成长。

如何让宝宝吃到足够的母乳？

母乳喂养的成功与否，跟妈妈是否掌握了正确的方法密切相关。三个原则很重要：

原则一：早开奶

宝宝的吸吮是帮助妈妈分泌乳汁的关键，吸吮的次数越多，乳房"生产"的乳汁越多。所以，宝宝出生1小时内就应该让他吸吮妈妈的乳头，并持续30分钟以上。

原则二：妈妈的喂养姿势要正确：

宝宝的头和身体成一条直线。

让宝宝身体贴近妈妈。

宝宝的头、颈和身体均得到支撑，宝宝下巴贴近乳房、鼻子对着乳头。

妈妈将手贴着胸壁，拇指在上方，用食指托住乳房底部，避开乳晕部分。

营养建议
母乳喂养好

原则三：要保证宝宝正确的含接乳头的方式：

宝宝嘴要张大，

宝宝下嘴唇向外翻，

宝宝下巴贴近乳房，

宝宝将妈妈的乳晕，而不单是乳头整个含在嘴里。

孕期 优孕力

0～6个月 优化力

6～12个月 优抗力

1～3岁 优创力

3～6岁 优备力

提醒妈妈

喂奶的时间不能太短

　　成熟乳可分为前乳和后乳。前乳是在一次哺乳过程中先产生的乳汁。前奶量大，富含丰富的蛋白质、乳糖和其他营养素。后乳是在一次哺乳过程中后产生的乳汁。后奶含的脂肪较多，色白，母乳的大部分能量由这些脂肪提供。宝宝的生长和发育既需要前乳，也需要后乳，所以在宝宝没有吃完奶以前或未得到足够的后乳时，不要停止喂养。因此，每次宝宝喂奶时间不能太短，应该让宝宝持续吸吮，直到得到所需全部奶量。

如果可能，请坚持夜间哺乳

　　新生宝宝除了吃奶几乎24小时都在睡觉，根本不会区分昼夜，所以哺乳也没有昼夜之别。坚持夜间哺乳虽然辛苦，但是对妈妈和宝宝都有好处：

* 有助于维持乳量的供给。
* 如果妈妈白天工作，仅给部分母乳喂养，那么夜间的喂养有助于宝宝在夜间吃到较多的母乳。

剖宫产妈妈的母乳喂养特别提示

剖宫产的宝宝肠道菌群建立较慢，因此母乳喂养十分重要，所以剖宫产不应该影响母乳喂养，也不会影响妈妈的乳汁分泌。但剖宫产手术后，妈妈的母乳喂养往往需要更多的帮助。

- 手术后一旦恢复知觉，妈妈就可以抱宝宝，并进行第一次哺喂。通常，术后4~6小时就开始连续母乳喂养是完全可能的。
- 一般来说，身体状况正常的宝宝在妈妈哺喂之前，既不需要吃其他食物，也不需要喝水，宝宝完全能等到妈妈可以喂奶的时候。
- 建议让宝宝睡在妈妈床边的婴儿床内，这样一旦宝宝饿了妈妈就可以马上哺喂。
- 因为妈妈的身体不方便活动，最初几天最好由家里人帮妈妈把宝宝放到自己乳房上。
- 无论妈妈采取什么样的体位，舒适是最重要的。同时注意要让宝宝面对妈妈吸吮，并方便把宝宝从一侧顺利换到另一侧，交换着让宝宝从两侧乳房吃奶。

你知道吗？早产儿更需要母乳喂养

早产儿尤其要预防低血糖，低血钙。应该用自己妈妈的乳汁来进行喂养，因为宝宝是早产儿时，需要更丰富的蛋白质和其他营养素，而他们妈妈的乳汁与其他足月儿的母乳相比，含有更多的蛋白质和营养物质，对其生长更有利。如果妈妈母乳不足，也可考虑特别为早产儿设计的配方奶或母乳营养强化剂。

你的母乳够吃吗?

因为缺乏计量的方法和容器,母乳喂养的妈妈往往很迷惑:宝宝到底吃了多少?他吃饱了吗?我的母乳够吃吗?考虑到每个宝宝的个体差异,判断母乳是否充足还是有规律可循的:

1.宝宝体重的增加是否正常?
宝宝出生后14天内,因为胎粪的排出、全身水分的减少,体重没有增加很正常,之后体重开始慢慢增加。一般满月时体重增加500~800克,6个月内每月可增重600~1000克。

2.大小便是否正常?
小便每天应该至少6次,色稍黄,大便规律。母乳喂养的宝宝大便色金黄,次数较多,3~8次不等,因人而异。

3.宝宝的精神状态是否正常?
母乳喂养适当,宝宝的情绪较好,睡眠正常,睡醒后精神愉悦,不会无故啼哭。

提醒妈妈

及时觉察母乳不够的表现

　　一般来说，母乳基本能保证6个月以内宝宝的全部营养和生长需要，不需添加辅食。如果妈妈身体较弱或患病，情绪受到很大的干扰，营养严重缺乏，吸烟酗酒或吃了影响泌乳的药物，短时间内会出现母乳不足。表现有：

- 宝宝超过平常吸足乳的时间，还是含住乳头不放（一次完整的母乳喂养一般在20分钟内完成）。
- 妈妈试着抽出乳头时，宝宝明显表现不肯放开，仍使劲吸吮乳头，甚至开始哭闹。
- 宝宝常常睡眠不好，爱哭闹。
- 体重减轻，或增重不足。
- 有的宝宝会出现饥饿性腹泻。

注意维生素D和维生素A的补充

　　维生素A对视觉发育和皮肤黏膜抵抗力有重要作用，维生素D能促进机体对钙的吸收。70%以上的维生素D可以通过晒太阳由机体自身产生，但考虑到各地6月龄以下的婴儿有效日照时间有限，且母乳中的维生素D含量有限，建议每日补充适量的维生素D。

孕期 优孕力

0～6个月 优化力

6～12个月 优抗力

1～3岁 优创力

3～6岁 优留力

哺乳妈妈的4个饮食原则

1.保证充足而不过多的热量

为了确保乳汁有足够的能量，在哺乳期，妈妈应该适当增加饮食摄入的热量。准确地说，要比平时多摄入200卡的热量。这些额外需要的热量其实并不需要吃太多食物就能满足，但是一定要注意不要节食。

2.食物种类多元化

- 不要忽视谷物的作用，因为谷物会给身体提供淀粉、蛋白质、脂肪、维生素和矿物质。
- 除了谷物，建议妈妈再吃一些鸡蛋和肉类，因为它们富含蛋白质，但应该注意，每天吃1～2个鸡蛋、120克的肉就足够了。
- 妈妈应该多吃水果和蔬菜，最好是应季蔬菜，它们除了提供维生素、膳食纤维外，也能提供热量。
- 建议妈妈每周吃1～2次鱼。

同时，建议哺乳妈妈的饮食中最好使用特级初榨的橄榄油，因为橄榄油中含有的不饱和脂肪酸，有利于宝贝神经系统的发育。

3.增加食物中的钙质

不要忽视牛奶在饮食中的作用，每天应至少喝250毫升的牛奶。当然，牛奶也可以换成等量的酸奶，牛奶和酸奶是钙质的最好来源。钙作为一种必不可少的营养素，应该在妈妈的饮食中大量出现。由于在哺乳期，母体内的钙质会通过乳汁供应给宝宝，因此，妈妈对钙的需求应从日常的1000毫克增加到1500毫克。如果不注意增加钙的摄入量，妈妈身体里储备的钙就会减少。

妈妈还应该注意，除了牛奶和其他奶制品，鱼类也是钙的最好来源，尤其是鳗鱼、鲭鱼和沙丁鱼。这三种鱼每100克钙含量可达200毫克，而同等重量的牛奶钙含量为120毫克。

4.哺乳妈妈要多喝水

哺乳妈妈应该比平时喝更多的水，因为分泌乳汁将会消耗大量的水分，所以及时补充水分非常必要。

● 理想的饮料可以是矿泉水、豆浆、水果茶、蔬菜汁等。

● 应该慎用咖啡或可乐类饮品，这些饮料含有让人兴奋的物质，如咖啡因。这些物质可能会影响到乳汁的质量，并让宝贝变得兴奋不安。

哪些宝宝需要补钙?

我们提倡通过均衡的饮食给宝宝补钙,但在一些特殊时期或特殊情况下,还是需要额外给孩子补充一些钙剂或是维生素D。

纯母乳喂养的孩子:妈妈补钙、孩子补充维生素D

对刚出生的婴儿,首先提倡母乳喂养,母乳补钙是婴儿最好的补钙方法,虽然母乳中的钙含量远远少于牛奶,但母乳中钙磷比例适宜,与牛奶相比孩子更容易吸收。

近些年研究证明,有20%~26%的妈妈因为自己缺钙使得母乳中含钙量很低,由此造成孩子缺钙。因此建议妈妈在哺乳期间补充钙剂,标准为1200~1500毫克/日,每天服用钙元素600毫克左右,也可以考虑接着喝孕期的妈妈奶粉。

另外,因为母乳中的维生素D含量少,所以,纯母乳喂养的孩子还需要补充一些维生素D,帮助钙的吸收。建议妈妈可以适当增加宝宝的"日光浴"时间。

吃配方奶或混合喂养的孩子:维生素D要根据情况补充

因为配方奶中的钙含量比较稳定,而且大多数已经添加了维生素D,所以,如果孩子每天吃够500毫升的配方奶,也就不用额外添加维生素D。

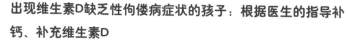

出现维生素D缺乏性佝偻病症状的孩子：根据医生的指导补钙、补充维生素D

在孩子生长发育迅速的时期，比如婴儿时期，出现维生素D缺乏性佝偻病症状也是正常的，通常这些症状只是暂时的，在及时补充维生素D和钙后就会消失。但这时的补钙要在医生的指导下将钙和维生素D一起补充。一旦医生根据检查结果和孩子表现出的症状判断孩子已经缺钙，就要根据孩子缺少的具体情况来决定需要给他补充多少，这样才不会导致过量。

需要进行人工喂养的几种情况：

母乳是宝宝最理想的食物，但是因为宝宝或者妈妈的某些特殊原因，也会出现无法进行母乳喂养的情况。下面这些情况，妈妈可以考虑选择配方奶喂养宝宝。

- 宝宝的健康状况导致不能吃母乳。比如，半乳糖症的宝宝，需要吃不加半乳糖的配方奶。枫糖尿病的宝宝，需要吃特制的配方奶。苯丙酮尿症的宝宝，需要吃特制的不含苯基丙氨酸的配方奶。
- 短期内需要添加其他食物的宝宝。极低出生体重的宝宝，有低血糖风险的新生儿，以及尽管能够频繁而有效的吸吮，也没有患病，但是生长不良的宝宝可能会需要添加其他食物或液体。
- 妈妈因为接受某些药物治疗或者某些疾病不适合喂母乳。如果妈妈不确定自己的状况是否适合母乳喂养要及时咨询医生。

科学坐月子的8个建议

1.合理安排休息时间，保证充足的睡眠。

2.产后24小时内应卧床休息，丰富的饮食和汤汁，以利于身体恢复和乳汁分泌，应改变产后不吃肉、只喝米汤的习惯。

3.产后要争取尽快排大小便，保持大便通畅。

4.注意个人卫生，可用软牙刷刷牙。产妇应在温度适宜的情况下洗头、洗澡，并保持外阴清洁，改变产后不洗澡、不刷牙的陋习。

5.心情要舒畅，不要紧张、焦虑，要逐渐增加活动。

6.产后42天内禁止夫妻生活。

7.产后42天妈妈应去医院进行健康检查。

8.如出现以下症状应去医院就医：腹痛、阴道分泌物有臭味、阴道流血突然增多或恶露超过4周未净、发烧、乳房肿痛。精神过度焦虑的妈妈，也应及时咨询医生。

(三)重点养育建议：给消化力加分

观察便便，随时了解宝宝消化力状况

拥有健康消化力的宝宝，他的便便是有规律可循的（见下表）。观察宝宝的便便，可以帮助妈妈们最直观地了解宝宝消化力状况。因此，便便护理在新生宝宝的日常护理中占有很重要的位置。

观察便便的量和次

时期	性状	量和次数
新生儿（出生后28天以内）	深、黑绿色或黑色黏稠糊状的胎便	出生3～4天胎便可排尽
母乳喂养的宝宝	金黄色或暗黄色，没有难闻的气味。吃母乳的宝宝大便稀软但有质地。有时呈颗粒状，有时呈凝乳状	每天4～5次
配方奶喂养的宝宝	淡黄色或黄棕色，气味较臭，更像成人大便 * 实验证明，配方奶粉中添加特别配比的益生元组合（GOS:FOS=9:1），有助于软化婴儿大便、增加大便频率。具有安全性，没有发生啼哭、返流、呕吐、腹泻等副作用	每天1～2次
添加辅食后的宝宝	更稠，颜色更深，气味更难闻	每天1～2次

妈妈要知道：

- 新生儿一般在出生后12小时开始排胎便，这是胎儿在子宫内吞入的胎毛、胎脂、肠道分泌物而形成的大便。若宝宝出生后24小时尚未排胎便，则应立即请医生检查，看肛门等器官是否存在畸形。平常在孩子大便后应清洗肛门，并拭干。

- 吃母乳和吃配方奶的宝宝大便看起来很不一样。在最初的几周里，宝宝可能会在每次喂奶时或喂奶后排便，但会逐渐形成自己的排便规律，每天在大致相同的时间排便。这个规律会阶段性地发生变化，比如给宝宝添加辅食、宝宝感觉身体不舒服或者吃奶的次数逐渐减少时，排便规律都会有所调整。

- 吃配方奶的宝宝通常每天排便至少1次才会舒服，越长时间不排便，大便就会越硬，也越难排出，最终导致便秘。如果你觉得宝宝排便有困难，一定要找儿科医生咨询。

赶走便秘，提高宝宝消化力

如何判断便秘：便秘是指排便次数减少且排出的大便坚硬，具体怎么来判断宝宝是不是便秘呢？由于宝宝胃肠道发育的特点及喂养的不同，便秘的定义应综合考虑。有些母乳喂养的婴儿，即使超过72小时未排便，但排出的大便柔软，其间宝宝进食正常，无痛苦表情，也属正常情况。相反，如果宝宝每天都排便，但排便困难，大便坚硬、量少，同时影响宝宝进食，就应考虑为便秘。

便秘的可能原因：这个阶段的宝宝肠道发育还不成熟，肠蠕动较弱，肠道菌群结构也不够完善，这些都可能引起宝宝的便秘。

便秘的护理：

1.咨询医生

如果是新生儿和小婴儿发生较严重的便秘，及时咨询医生尤其重要。由医生评估宝宝的饮食习惯和测量生长发育和体重，以保证宝宝正常生长。

2.饮食调整

鼓励尽可能高比例、长时间的母乳喂养，保证足够喂养量。如果是配方奶喂养，可调换配方奶的种类，看便秘情况是否缓解。同时增加流质摄入，除了正常饮食外，每天定量给宝宝提供水（60~120ml）。如果水没有作用，尝试给予无糖苹果汁或梨汁（用10份水稀释1份果汁）。

3.简单治疗措施

• 抱起宝宝处于蹲坐位，重力能促进肠道蠕动。

• 将宝宝放入一盆温水中，这能使肌肉平滑和放松，易于肠道蠕动。

• 在宝宝肛周擦拭水性润滑剂，这有利于坚硬的大便通过。

• 刺激宝宝的胃部肌肉，轮流轻轻按压宝宝的胃肠道，使之蠕动。从脐部向外，轻轻画圈按摩腹部。平躺，轻轻移动腿部做画圈运动。

从容应对腹泻，消化力不打折

这个月龄段的宝宝肠道系统还非常的脆弱，腹泻是宝宝营养吸收最主要的障碍，也是危害性最大的敌人。那么，如何判断宝宝是否腹泻呢？又该如何护理腹泻的宝宝？这需要根据腹泻发生的不同原因来判断。

第一，生理性稀便

不同喂养方式的新生宝宝大便性状存在明显差异，当宝宝仅出现大便次数多及稀便等表现时，可能还无法断定宝宝就是腹泻，这种情况有可能是生理性腹泻。

症状：通常大便较稀薄、黄色，每天多达7～8次，甚至10～12次。但不含有过多的水分，不含黏液脓血，无异常气味。同时，宝宝精神好，吃奶好，体重增长正常。

妈妈怎么办？合理喂养，加强护理，注意宝宝的精神、胃口、体重变化，一般无须特别处理。

第二，喂养不当

给新生儿喂食的奶粉过浓，奶粉中加糖，奶液过凉或过早添加米糊等淀粉类食物，都容易导致新生儿积食，从而引起宝宝腹泻。

症状：腹泻，大便含泡沫，带有酸味或腐烂味，有时混有消化不良的颗粒物及黏液，宝宝常伴有呕吐、哭闹。

妈妈怎么办？先自我检查喂养方法是否适当，及时纠正不科学的喂养方法。若症状不能改善，应到医院接受治疗。

第三，奶粉过敏

有些新宝宝会对牛奶蛋白质过敏，这种症状多出现于2～3个月的宝宝。有遗传性过敏体质的新生儿更容易出现牛奶蛋白质过敏的症状。

症状：非感染性腹泻超过2周，大便混有黏液和血丝，伴随皮肤湿疹、荨麻疹、气喘等症状。

妈妈怎么办？尽最大可能进行母乳喂养，避免接触牛奶蛋白；对有遗传性过敏高危因素的新生儿及小婴儿，可使用水解蛋白配方奶，有助于减少牛奶蛋白过敏。

第四，病毒或细菌感染

全身或肠道局部感染均可造成小婴儿腹泻，其中最具代表性的是轮状病毒性肠炎，也称秋季腹泻。患病时除腹泻外，还可伴有呕吐和发热，若不及时处理可出现脱水症状，要格外注意。

症状：大便呈黄稀水样或蛋花汤样，量多，无脓血。患病初期易合并发热或呕吐。出现脱水等合并症的宝宝表现为精神萎靡，皮肤黏膜干燥，尿量减少。

妈妈怎么办？不要犹豫，立即就诊，明确诊断，接受必要的治疗。

┌─ 提醒妈妈 ─

　因腹泻就诊时，应携带1～2小时内新鲜采集的大便，置于不吸收水分的干净容器中。

孕期 优孕力

0～6个月 优化力

6～12个月 优抗力

1～3岁 优创力

3～6岁 优备力

你知道吗？什么是脱水

当宝宝腹泻严重或同期呕吐严重，即会造成脱水。宝宝脱水可表现为精神差、发热，口唇黏膜及皮肤干燥，皮肤弹性差，前囟凹陷，眼窝凹陷，泪少或无泪，尿量减少甚至无尿，严重时可危及生命。因此，应警惕脱水的发生，存在上述现象应及时就诊。

（四）其他养育建议

听懂宝宝的哭声

宝宝不会说话，只能用哭声来表达自己的需求。一般情况下，宝宝会用哭声来告诉你：

- 我饿了。新生宝宝胃很小，每次吃的奶也不多，很短的间隔内就要再吃一次。饿哭的宝宝，一般哭声不会太急切。
- 我尿了，拉便便了。宝宝的肾脏和胃肠功都没发育完全，大小便的次数都比较多，如果家长没来得及换干净的尿布，他会感觉到不舒服并以哭声来提醒"快给我换尿布吧"。
- 我冷了，我热了。摸摸宝宝的手脚，如果冰凉或者脸色和嘴唇发青发紫，就说明冷了。摸摸额头或后背，如果出汗，就说明热了。这时候父母只要调节宝宝的服装或室内的温度，就迎刃而解了。
- 我想要抱抱。宝宝独自在床上躺久了，腻烦了，可能会要求换个视角看"世界"，父母只要将他抱起来，哭闹自然就消失了。
- 我病了。如果排除了以上因素，宝宝的哭闹仍然存在，而且越来越厉害，哭声中有痛苦的感觉，就要引起重视，最好去医院进一步检查。

安稳睡眠，新宝宝发育的好环境

新生儿大部分的时间都处在睡眠中，睡眠对小宝宝的发育有着举足轻重的作用。所以，爸爸妈妈要了解宝宝的睡眠状况，保证足够的睡眠时间，并开始逐渐培养宝宝好的睡眠规律。

了解小宝宝的睡眠特点：

睡眠是新生儿的生理本能。新生儿除了吃奶补充所需的营养物质，其他时间几乎都在睡眠中度过，而且，年龄越小，睡眠的时间就越长。新生宝宝在最初的几周里，每天要睡16~20个小时，但是每次睡眠的时间较短，基本上每隔3~4个小时就会醒来。每次睡眠的持续时间会逐渐增加，一般来说，3个月的宝宝每次睡眠的时间持续为3~4小时，4~6个月的宝宝每次睡眠的时间持续为6~8小时。

不同月龄宝宝需要的睡眠时间：

1个月	16~20小时
4个月	14~15小时
6个月	13~14小时
7~12个月	12~13小时

帮宝宝分清楚白天和黑夜

小宝宝需要学习才能明白白天和黑夜的区别。宝宝白天醒着的时候，尽量多跟他一起玩耍，让他的房间有充足的光线，也不用特意减少日常的生活噪声，比如电话铃声、电视音量或洗衣机嗡鸣声。如果宝宝在应该吃奶的时候仍然在睡觉，你要叫醒他。晚上，小家伙醒来吃奶时不要跟他玩，屋里的光线调暗一点，保持四周安静，不要跟他多说话。不久，宝宝就会开始意识到是晚上睡觉的时间了。

逐渐学会自己入睡

从宝宝两个月开始，你可以有意识地让他有机会自己入睡。在宝宝困倦但还清醒的时候把他放到床上，陪在一旁，轻轻拍哄宝宝入睡。不建议摇晃着哄宝宝入睡或甚至让他边吃奶边入睡。宝宝正在学习建立他们的睡眠习惯，如果你一直都是摇晃着哄他入睡，那么以后就会习以为常地要用同样的方式才能入睡，而这将成为家里人一个很大的负担。

得了湿疹怎么办？

　　许多宝贝出生不久，就会遭遇婴儿湿疹。尽管妈妈都有这方面的思想准备，可一旦婴儿湿疹真的来了，还是会让妈妈感到棘手。

宝贝为什么得湿疹？

⬦　内因——过敏体质

● 湿疹宝宝常有先天性遗传过敏体质，部分有哮喘、过敏性鼻炎或特异性皮炎家族史。3个月至1岁的湿疹宝宝，最多见的是鸡蛋过敏，其次是牛奶、花生、豆类等。

⬦　外因——环境因素

● 近年过敏性疾病发生率的增高，与环境变化迅速，人体对环境变化的适应性失调有关。皮肤作为人类与环境直接接触的器官，会首先出现不适应的表现。

● 宝宝的生活环境过于干净也可能是一个原因。现在很多妈妈非常重视宝宝的卫生，各种用品都要清洗、浸泡、消毒，使宝宝远离了那些与人类共生的微生物，结果免疫系统自我平衡与调节失控，对外来刺激过度敏感。

婴儿湿疹长什么样？

1. 婴儿湿疹多发生于生后40天左右，首发于头面部，特别是双面颊和前额，可出现在全身皮肤的任何部位。

2. 最初为密集型的小疹及粟粒大小的丘疹，很快变成小水疱，破溃后流水，形成点状糜烂面并呈现黄色的结痂。

3. 病情时轻时重、反反复复，常常容易融合成片，向周围扩展。

4. 瘙痒和刺痛难忍，宝贝因此烦躁不安、哭啼不止，尤其在夜间加重。

5. 约80%的患儿皮肤损害反复发生，到2岁时大多可以痊愈。

婴儿湿疹怎么治？

湿疹的治疗：妈妈首先应明白，婴儿湿疹会反复发作，不要苛求一次就治愈，应该配合医生，把病情控制在最轻状态。

- 轻症宝宝。如果只是皮肤干燥，选用一些婴儿专用的润肤品外用即可。

- 症状稍重的宝宝。如果用普通的润肤品无法改善症状，医生会推荐使用皮质激素软膏。

- 症状较重的宝宝。由于皮肤损害面积大，有渗出、糜烂、结痂，医生往往给予清热解毒收敛的中药，使之干燥、去痂后，再用皮质激素软膏、抗生素软膏涂擦。

怎样护理得湿疹的宝宝？

- 尽量母乳喂养，在湿疹发病期间，哺乳妈妈要禁食辛辣、腥膻食物，以防通过奶水间接影响宝宝。人工喂养的宝宝可以试一试水解蛋白配方奶粉或者是添加了益生元的奶粉，对缓解宝宝的症状能起到一定的作用。

- 很多患儿是吃鸡蛋导致的婴儿湿疹，所以建议妈妈，不要在未满6个月的时候就给宝宝添加蛋黄，而蛋白要延至1岁以后。

- 宝宝适宜穿着棉质、柔软、宽松的衣服，避免人造纤维和毛织品直接接触皮肤。

让小宝宝健康又舒适的5个提示

1. 室内要温暖清洁，空气要流通，注意宝宝保暖，穿柔软的棉布衣服，或用柔软的棉布包裹，不宜包得过紧，可以戴帽子。
2. 如果是早产儿，不论白天晚上，鼓励妈妈尽量与宝宝皮肤接触保暖，如搂抱在怀里。
3. 每当宝宝大小便后应及时换尿布并用温水洗净臀部及大腿内侧接触尿布处，并用清洁柔软的棉布擦干，再涂少量植物油或者护臀膏以防红臀。
4. 有条件时每周至少洗1～2次澡。洗澡时保证室内温暖，不通风。脐带脱落前，最好分上下身洗，以防弄湿脐带。洗后完全擦干全身再穿好衣服并盖好。宝宝指甲应及时剪去，以防划伤自身皮肤或发生甲沟炎。
5. 接触宝宝前必须洗手，建议减少外人探访，尽量少接触外人，减少交叉感染的几率。如果大人感冒了，在家接触宝宝时要戴口罩。

提醒妈妈

当宝宝出现以下情况时，立即去医院就诊：

- 吃奶差或哭声弱
- 嗜睡、昏迷或惊厥
- 呼吸增快（超过每分钟60次）或有呼吸困难
- 腹泻并大便带血
- 脐部发红波及周围皮肤或有脓性分泌物
- 满月时体重增加不足500克

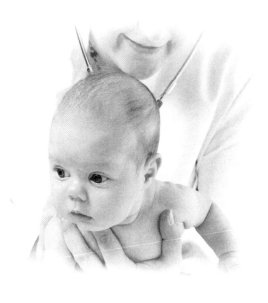

（五）成长需要的心理营养

告诉我，你爱我

安全感和亲密关系是宝宝非常重要的成长环境，尤其是对于婴儿期的宝宝来说，他们既不能离开妈妈独立活动，又无法用语言清楚表达自己的需求，所以，他们更需要反复确认这样一个信息：爸爸妈妈能明白我的需求，爸爸妈妈会尽力及时地满足我的需求。还有，更重要的是爸爸妈妈爱我，接受我。这种感受的确能为孩子的成长创造一个稳定、安全、温暖和支持的环境，从而为孩子一生的基本情感和品格的形成奠定基础。

最初的几个月也是你和宝宝相互熟悉的时间。观察他，看他如何对你做出回应，这就够了。在这一过程中你会了解他如何表达感受，如何应对紧张以及高兴、烦躁、失落或着迷时会做些什么。注意观察行为方面的细微不同，将有助于你知道如何与他互动。

这些简单的事，就可以让宝宝感受到你的爱与呵护，建立起你与宝宝之间紧密的依恋关系：

他一哭，就抱抱他

不用担心这样做会"惯坏"宝宝。这个阶段的宝宝从父母那里得到的爱永远都还可以再多一点。当宝宝与父母的身体紧密接触时，会让他感觉到亲近和安全。这对宝宝自我意识的发育和强化是最好的基础。

喂奶时专注地看着宝宝

当妈妈给宝宝喂奶时，宝宝的眼睛和妈妈的脸之间的距离应保持在30厘米，这个距离是宝宝最喜欢、最能看清楚东西的距离。妈妈要微笑并专注地看着他，给宝宝哼唱儿歌，轻声细语地与他交谈，温柔地抚摸他的头发，你会很明显地感到宝宝此刻情绪的愉悦——即使还不能笑出声，但是手舞足蹈的样子足以表露出他的欢喜了。

充满爱的接触

接触，是父母与宝宝沟通和传递情感的一种最基本的方式，是宝宝成长必须的"维生素"。采用你能采取的各种方法接触你的宝宝，表达你的爱，例如语音、触摸、亲吻、爱抚、拥抱、轻梳头发、嬉笑、握手等等。每次不同方式的接触都能传达同一个信息：我们爱你，喜欢你。

尽可能地参与到日常养育的各种小事中

也许你上班很忙，也许你家里有爷爷奶奶或者保姆帮忙，但是你仍然要尽量亲自进行很多基础的日常养育工作，比如换尿布、洗澡等等。养育过程中父母为孩子做的每一件事都是在传递对孩子的感情，让孩子感受到爱，不断地培育着亲子关系。

（六）妈妈最关心的问题和解答

问：宝宝出黄疸应该怎么办？需要看医生吗？

答：新生儿出现轻度黄疸，这是一种常见现象，通常称为生理性黄疸。一般出生后2~3天新生宝宝会出现皮肤黏膜发黄，4~6天达高峰，7~10天消退。正常足月新生宝宝血清胆红素不超过220.6umol/L（12.9mg/dl），无临床症状，无需处理。母乳性黄疸出生后1周左右出现，2周达高峰，停母乳后2~3天消退。若黄疸出现过早，出生后第1天出现，或程度严重，如手掌、脚底发黄等，持续不退，或消失后再现，应考虑为病理性黄疸，需要转诊到临床儿科进一步诊治。

问：宝宝每次喂完奶以后都会吐奶，这样正常吗？

答：不严重的吐奶（也叫漾奶）是正常的。出生3个月内的小宝宝胃容量很小，胃部肌肉也很薄弱，支配胃部的神经调节功能发育不够成熟，胃上部的贲门闭锁能力还较弱。而且宝宝吸吮母乳时，会同时吸进许多空气，所以宝宝吃饱奶之后，随着身体的调整，奶会和空气一起出来，出现漾奶现象。

妈妈要在喂奶结束后，将宝宝托颈部贴胸竖抱，轻拍宝宝的后背，使其胃中的空气上升，排出来，半小时内不要翻动宝宝或给他洗澡，就可以有效避免漾奶。宝宝3个月后，随着胃部肌肉功能和神经调节功能的增强，漾奶现象会自动消失。人工喂养的宝宝往往吸入更多的空气，容易出现漾奶。

问：妈妈生病了还可以继续母乳喂养吗？可以吃药吗？

答：患病期间，哺乳妈妈原则上最好不服用药物。必须服药时，一定要在医生指导下慎重服用，还要考虑药物在乳汁中的浓度及可能对宝宝的影响。

一般来说，大部分药物在乳汁中的浓度比较低，少次少量不用不会出现什么副作用。如果妈妈患传染病，或需大量服药的疾病，可在患病期间暂停哺乳，但每日应按时挤出乳汁，保证乳汁的分泌。乳腺炎的妈妈在症状稍一缓解后，应尽早喂养，以免加重乳汁淤积，宝宝的吸吮可有效防治乳腺炎。妈妈如有活动性肺结核、严重心脏病或肾脏病，肝炎等消耗性疾病，建议放弃哺乳。

妈妈如果乳量充足，可在保证宝宝吃饱的前提下，挤出多余的奶水，保存在冰箱中，以备不时之需。如果没有多余的母乳，可在患病期间，选择营养要素和口味接近母乳的配方奶喂养宝宝，直至恢复母乳喂养。

问：宝宝为什么会拒绝吃母乳？

答：宝宝不接受母乳，常由以下原因导致：

- 宝宝病了。患感冒时鼻腔堵塞，口腔疼痛或出牙不适都会影响宝宝的吸吮，甚至拒绝吸奶。
- 母乳太多太冲，宝宝吸吮时屡次发生呛咳。
- 妈妈在下奶前，用奶瓶喂养过，宝宝习惯了奶嘴的"口感"。
- 妈妈与宝宝分离过，或者妈妈吃过影响乳汁味道的食品或药物，导致宝宝不适。
- 没有按需哺乳而机械地按时哺乳，在宝宝不觉得饿时喂养。

如果宝宝拒绝吃母乳，妈妈一定要有耐心，找出原因后要积极解决。比如当奶水太多时可以先挤出一些，乳房不胀后再喂，宝宝就不会拒绝了。或者尝试调整饮食，避免宝宝不喜欢的味道等。

6～12个月—优抗力

成长每天都会给我们带来惊喜：看到他能笨拙地翻个身，看到他第一次摇摆着坐起来，看到他第一次蹒跚学步，看到他摇摇晃晃地走，看到他对一切都充满好奇和探索的勇气。宝宝的世界越来越大了，世界用更多的欢乐迎接他，但同时也充满更多风险。宝宝发生危险的可能性增加了，接触细菌和病毒的机会也更多了，妈妈要多用心，帮助宝宝抵抗力的成长，也要好好保护宝宝的安全。

(一)了解6~12个月的宝宝

本阶段宝宝的成长里程碑

7个月

- 宝宝6个月以后，从母体获得的抗体就消耗殆尽了，宝宝的第一次生病可能会发生在这个时期。
- 有些宝宝已经长出2~4颗牙齿。
- 能独自坐得很稳，而且不用双手支撑。
- 很多宝宝出现认生的行为，这并不是坏事，表示他能够区别亲人和陌生人了。

8个月

- 虽然宝宝自身的特异性抗体逐渐增加，但是抵抗力依旧很脆弱。
- 基本上已经可以很精确地用拇指和食指、中指捏东西，会对任何小物品使用这种捏东西的技能，父母要注意宝宝的安全。
- 很多宝宝开始会爬了。

9个月

- 虽然宝宝自身的抗体分泌水平在缓慢增长，但仍然不足以弥补消耗的抗体水平。
- 开始学习站立，搀扶着能站立片刻，能抓住栏杆从坐位站起。
- 会非常喜欢用食指抠东西，例如抠桌面，抠墙壁。这些动作的出现表示宝宝出现了一些探索性的意识。

10个月

- 从这个月开始，宝宝体内的抗体均为宝宝自身产生。
- 宝宝已经长出大约 4 ~ 6 颗牙齿，但也有些宝宝才开始出第一颗牙。
- 爬起来的时候速度很快，能够独自站立片刻，是向直立过渡的时期。
- 能模仿别人的声音，并要求大人有应答，进入了说话萌芽阶段。

11个月

- 宝宝活动范围增加，使得接触外界的机会也大大增强了，尽量少带孩子去人多的地方，回家要及时洗手。宝宝可能已经被大人牵一只手就能走了，还可以扶着家具迈步走。
- 宝宝已经能执行大人提出的简单要求。
- 宝宝学着走路了，应该给宝宝买一双鞋了。

12个月

- 1岁以内的宝宝容易患呼吸道感染、肠道感染疾病，要注意卫生，增加营养，提高宝宝自身的免疫力。
- 自己站稳能独走几步；站着时，能弯下腰去捡东西。
- 如果宝宝还没有长牙，就需要咨询保健医生。
- 可以用单字来表达自己的意思。

宝宝活动量增加，需要更多能量和抵抗力

小天地扩大了，探索世界的能力强了，但接触病原体的机会也增加了。

宝宝逐渐会爬，慢慢也要学会走路了。活动范围增大，接触的人和环境增加，他们又喜欢用手探索，又喜欢把手放入口中，因此接触病原体的机会比小宝宝期大大增加。在这个阶段，宝宝的抵抗力受到挑战。

合理添加辅食，满足更多营养和能量需求。

宝宝6个月以后，只靠母乳或配方奶已经不能提供足够营养，特别是能量，必须开始添加辅食。同时，宝宝的铁储备已经逐渐消耗尽，需要更多含铁的食物来源，而不仅仅是依靠母乳。妈妈要注意及时、合理地添加辅食。给宝宝添加辅食的顺序和食量，原则是循序渐进，切不可盲目添加，造成宝宝过敏或消化不良。

继续母乳喂养，母乳不够应该添加配方奶。

母乳仍然能为宝宝提供身体需要的各种营养素，并帮助增加抵抗力，所以，如果可以，应该继续坚持母乳喂养。母乳不够，可以考虑选择添加含益生元组合的配方奶。

本阶段妈妈的
重要任务

帮助宝宝抵抗力成长

　　人体与生俱来就拥有一个世界上最好的医生——免疫系统。人体的免疫系统并不在某一个特定位置，相反，它需要人体多个器官协同运作。免疫系统主要有三道防线。第一道防线是皮肤和黏膜。皮肤和黏膜是人体重要的天然屏障，防止致病菌进入身体内部。呼吸道的纤毛向上颤动可将尘埃、细菌排至咽部咳出或咽下。皮肤汗腺分泌乳酸、皮脂腺分泌脂肪酸，均有一定的抗菌作用。第二道防线是非特异性免疫。它是指机体对任何病原微生物侵入均能够产生的免疫反应。第三道防线是特异性免疫。它是指当细菌或病毒等抗原进入身体后，激发机体的免疫系统产生一系列特异性抗感染免疫反应。

　　宝宝的抵抗力与三种免疫球蛋白（IgG、IgM、IgA）密切相关，它们负责抵御外界有害物质的侵入。出生到6个月以内的宝宝，免疫系统发育还没有被激活，自身的免疫球蛋白分泌很少，但是体内的IgG水平仍然比较高，这是因为母体IgG能通过胎盘大量进入到胎儿身体。

　　但从出生开始，宝宝的母传抗体IgG在逐渐减少，到6个月时达到最低点，而宝宝自身的抗体分泌水平虽然在缓慢增长，但仍然很低，不足以弥补消耗的数量。因此，这个阶段宝宝的抵抗力很弱，很容易发生感染性疾病，尤其是呼吸道感染和胃肠道感染。

　　因此，这个阶段父母要特别注意宝宝的全面营养摄入，配合合理的养育方式，让宝宝建立自己的抵抗力。

孕期 优孕力 ｜ 0～6个月 优长力 ｜ 6～12个月 优抗力 ｜ 1～3岁 优创力 ｜ 3～6岁 优备力

提醒妈妈

正确理解宝宝生病

妈妈也需要知道，人体的抵抗力需要通过抗原刺激才会产生抗体。通过不断与外界物质的接触，免疫系统才能得到锻炼，才会发育成熟。宝宝的每次生病，其实都是激活身体免疫系统，产生更好的免疫力的一次机会。因此对于宝宝生病，父母也要有全面客观的认识，不要因担心宝宝患病，而减少与外界接触的机会，或者在家中过度消毒，过分清洁。

TIPS:抵抗力和健康的肠道环境

健康的肠道对宝宝的健康很关键，因为2/3的免疫细胞在肠道中。为了健康，肠道需要益生菌（如双歧杆菌）来抵抗外来有害细菌入侵肠道。而益生菌的生长需要益生元，因为益生元是益生菌的食物来源。

母乳含益生元，促进益生菌生长，同时有助于减少有害细菌的生长，从而有助于维持宝宝消化系统中肠道菌群的健康平衡，促进宝宝消化和免疫系统健康。已添加辅食的宝宝，可从其他食物获得益生元，包括某些蔬菜（比如豆类），某些水果（比如香蕉）。另一个获得益生元的途径是含益生元的配方奶。

益生元＆益生菌，哪种更天然？

益生菌是一种对人体有益的细菌，可直接添加到食品中，以维持肠道菌群的平衡。而益生菌的生长需要益生元，因为益生元是益生菌的食物来源。

目前，市场上有很多添加了益生元或益生菌（如乳酸杆菌）的婴幼儿配方奶粉，如果将二者相比较，**通过补充益生元为宝宝体内的健康菌群提供营养，以促进菌群均衡生长，是一种更安全的方法。**

益生元的稳定性要强于益生菌。虽然在某些特殊情况或疾病时，益生菌有可能更快地改善肠道菌群，但对于大多数正常和健康的宝宝，尤其是1岁以内的婴儿，选择益生元是更天然、更安全的方法。

孕期 优孕力

0～6个月 优化力

6～12个月 优抗力

1～3岁 优创力

3～6岁 优备力

（二）营养建议：好营养才有好抵抗力
让抵抗力升级的关键营养

均衡多样的饮食，能保证宝宝获得足够提高免疫力的营养素，不同种类的食物，在帮助抵抗力升级方面有不同的作用：

蔬菜和水果能为身体提供维生素、矿物质和**益生元**，蛋白质和铁则是免疫系统发挥功能所需的重要物质。我们熟悉的维生素C、β-胡萝卜素和锌等被称为抗氧化剂，有助于维持免疫细胞的健康。

在上面提到的营养元素中，**锌**是比较容易被忽略的，但又是对免疫系统和生长发育都非常重要的营养素。锌有利于支持免疫系统，保护和预防感染，促进伤口痊愈，保护和促进头发、指甲和皮肤的健康。母乳中也含有锌，但是已经不足以满足6个月以上宝宝的需求。妈妈可以在给宝宝添加辅食时逐渐加入蛋黄、肝泥和牛肉，以帮助获得足够的锌。

核苷酸也是抵抗力发育重要的营养元素。核苷酸可维持免疫系统的正常功能，提高人体对细菌、真菌感染的抵抗力，能增加抗体产生，增强细胞免疫能力，还能促进宝宝肠道的发育。动物肝脏和海产品中的核苷酸含量最高。

如何选择营养均衡的婴儿配方奶粉

    本阶段如果不能纯母乳喂养，建议为宝宝选择含有锌、核苷酸、益生元等与抵抗力有关的营养物质的配方奶粉。

1.配方奶粉是除母乳之外，最营养、最安全的食物。

配方奶粉添加了宝宝必需的多种微量营养素，使产品的性能、成分及营养素含量非常适合宝宝。可以说，宝宝配方奶粉对小宝宝来说，非常有营养，也很安全。

2.为宝宝选择的配方奶粉应富含有助于抵抗力的营养物质。

- 富含与抵抗力有关的营养物质，如益生元、核苷酸、锌等。
- 营养丰富均衡，如适量的蛋白质、钙、铁、维生素、DHA等。
- 经科学研究证实，含有能提高宝宝自己抵抗力的营养成分。

吸奶——上班妈妈的必修课

妈妈恢复工作了，可以考虑吸奶。下面的提示是专门为你准备的：

- 准备一套吸奶和存奶器具，包括质量好的吸奶器、奶瓶、储奶袋、保温包、冰袋。
- 挤奶的间隔时间应缩短，尤其是最初几天，以防止乳腺管腔阻塞和乳腺炎的发生。最好在出门前和下班后先给宝宝喂一次奶。如果工作超过8个小时，至少要挤2次奶。
- 挤奶前，先用肥皂将手洗干净，吸奶器和储奶容器经过沸水或沸水蒸汽消毒5分钟（在家做好）。吸奶前或吸奶的过程中可以听让人放松的音乐，翻看宝宝的照片，回想宝宝可爱的瞬间等，以刺激泌乳反射利于吸空乳房中的奶。
- 挤空一侧乳房的乳汁才能算是挤奶完成。挤奶后立即将奶密封，以防止污染。第一天挤出的奶冷藏后，最好就让宝宝第二天就喝，因为口感会接近新鲜母乳。

提醒妈妈

学会妥善保存母乳

　　如果冷藏得当，乳汁可以保存8天之久。如果预计宝宝第二天喝不完，可以马上冷冻挤出的奶，这样口感会更好。冷冻可以保留大多营养素和免疫因子，可保存母乳4～6个月。要用奶时，应该迅速将奶瓶在流动水下解冻，不应微波炉加热。一旦打开一瓶储藏的母乳，没喝完的部分，2个小时后一定要扔掉，解冻后的乳汁不能再冷冻。千万不要往凉奶或者冻奶里兑热奶，不然奶水会很快变质。

　　哺乳妈妈的健康，宝宝抵抗力的保障母乳来自妈妈身体，因此母乳的产生消耗了妈妈体内的物质。哺乳期的妈妈需要营养补充，而工作了的哺乳妈妈，保持身心健康很重要，这就需要来自家庭的支持，除了支持继续母乳喂养，还要营养支持和心理支持。哺乳的妈妈健康了，才能更好地帮助宝宝有好的抵抗力。

　　妈妈们每天除了摄入自身所需的营养物质，还需要补充分泌乳汁所需的营养素，包括蛋白质、各种维生素和矿物质等，每天一粒多种维生素矿物质补充片或者继续饮用妈妈奶粉，都是哺乳期妈妈补充营养不错的选择。

　　工作了一天的妈妈，辛苦下班回到家里，家里人准备营养丰富、可口的饭菜，不仅是对妈妈最好的营养支持，也是最好的安慰。爸爸参与养育宝宝，也是对妈妈的最好支持。

添加辅食，宝宝准备好了吗？

当宝宝长到6个月左右后，母乳或者配方奶已经不能够完全满足快速生长发育所需要的能量和营养元素了，必须及时、合理地添加辅食。

每个宝宝的个体发育状况有先有后，父母要学会观察宝宝的表现，确定宝宝是否已经"准备好"添加辅食了：

- 对别人吃的食物表现出兴趣。
- 没有"挤压反射"，因为这种反射往往使宝宝把液体以外的食物吐出去。如果没有这种反射，宝宝就能咽下固体食物而不会噎着。
- 可以靠着东西坐好，脖子能直起来，头能够做左右转动。
- 单纯喝奶似乎让宝宝吃不饱，喂奶后宝宝还是烦躁不安。
- 夜里睡一会儿就要醒过来吃奶。
- 开始能够抓住东西。

> **提醒妈妈**
>
> 可以在宝宝5个月时提供少量的食物，让其适应，观察有无过敏反应，为6个月正式添加辅食做准备。

合理添加辅食，吃出抵抗力

- 从单一品种开始，并注意观察是否有过敏反应：刚开始时添加成分单一的菜泥1～2勺，当宝宝习惯多种口味后，可以开始添加两种或更多的食物种类。每2～3天添加一种新食物，给宝宝时间享受新食物的口味和质地，并帮助观察发生的过敏反应。

- 刚开始添加辅食可以选择白米粥、铁强化谷物或者菜泥和土豆泥、水果泥，他们都具备以下优点：

  - 提供额外的能量、蛋白质、脂肪、维生素和矿物质，补充母乳不足。

  - 给宝宝提供了各种质地和口味选择，为它们喜欢健康食物做好早期准备。

  - 易于吞咽和消化。

  - 不含麸质，尽可能地减少过敏。

- 随着宝宝年龄增长，逐渐添加高蛋白食物，如鱼、豆腐、肉、猪肉和蛋黄。在宝宝适应后，再渐渐增加量和质地。

- 母乳仍是宝宝第一年最重要的食物，不要着急断奶。

- 不要在宝宝食物中添加糖、盐、酱油等调料，过早添加，会让宝宝日后养成对这些调味剂的偏好，增加肾脏负担。

- 不要强迫宝宝进食，会导致他对食物产生负面情绪。观察宝宝是否吃饱或还需要的信号。

- 当宝宝有兴趣和有能力时，鼓励自己进食或用手抓食物。

各月龄适合的食物质地和种类

食物质地	食物种类	量	进食技能	正常添加月龄
泥状食物	含铁米粉 水果泥 菜泥	1天2次， 每次2~3勺	用勺喂	4~6 （纯母乳喂养从6个月开始）
末状食物	铁强化米粉、稀饭、肉末、肝泥、蛋羹、鱼、豆腐、菜末、水果	1天3次，每次2/3到3/4碗，并按需添加1次点心	学用碗	7~9
碎状、指状食物	软饭、碎肉、碎菜、蛋、鱼肉、豆制品、水果	1天3次，每次3/4到1碗，并按需添加1~2次点心	抓食、自己用勺、断奶瓶	10~12

安全添加辅食，抵抗力不减分

注意：防止窒息！

辅食添加的质地应该随着年龄增长而改变，从泥状到碎末状再到块状，最后融入家庭食物。在适应块状食物的过程中，宝宝会出现被噎住的现象，如果采取措施不及时，会导致窒息。

出现噎住的原因，并不是宝宝的咀嚼能力和吞咽能力不够，而是由于宝宝大笑、哭叫或者惊讶的时候突然呼吸导致的。这样的深呼吸会把食物直接吸到肺里，阻塞气管或者导致肺塌陷。

因此，在宝宝吃东西的时候必须坐在饭桌前，由大人仔细地看护。要鼓励宝宝细嚼慢咽，最好把它们弄成泥状更小的碎末状给他们食用。

提醒妈妈

以下食物容易噎住，最好不要给宝宝吃：

葡萄、鱼丸、肉丁、布丁、花生、豌豆、水果块（苹果块）、小饼干、糖豆等。

注意：预防食物中毒！

　　婴幼儿食物中毒的危险性比大龄儿童和成年人高，后果可能很严重。食物中毒通常是由以下原因导致的：

- 不新鲜的食物
- 被细菌污染
- 没有熟透，未能杀死潜在的细菌

准备食物时要注意：

- 在准备食物前后洗干净手
- 在生吃或带皮烹调水果和蔬菜时，将泥土和农药残留洗净
- 在准备食物前洗干净操作台和砧板
- 用不同的砧板和器具准备生食和熟食，并且定期更换砧板
- 在冰箱里解冻肉、鸡肉、鱼，不要在室温中解冻

消毒时要注意：

- 储奶器具（奶瓶、盖子、奶嘴、奶瓶刷）：每次使用时都要完全浸泡和消毒
- 其他器具（勺、碗、盘）：宝宝6个月大前完全浸泡和消毒，半岁之后常规清洗即可
- 完全浸泡和消毒：用深锅煮沸至少10分钟、用蒸汽消毒至少10分钟

储存和冷藏食物时要注意：

- 保证冰箱冷藏温度在5℃以下，冷冻温度在−15℃以下

- 丢掉裂了的鸡蛋和过期了的食物
- 将生食和熟食分开，在冰箱底层放置生食，以避免汁水滴下，污染其他食物
- 用盖子、锡箔、塑料膜覆盖食物，不要在敞开的容器中储存食物

加热和再加热食物时要注意：

- 不要再加热多于1次，这样细菌容易繁殖，引发食物中毒
- 保证食物加热滚烫，搅拌均匀，然后再端上餐桌前放置冷却

提醒妈妈

下列食物必须安全保存，完全烹饪：

- 熟肉和鸡肉
- 鸡蛋
- 牛奶和奶制品
- 海产品
- 熟米饭和面条

（三）重点养育建议：给抵抗力加分

当抵抗力功能降低，会使身体脆弱，容易受到各种微生物的侵袭，从而导致生病。

当抵抗力过度活跃，又可能导致过敏或自体免疫疾病。

所以，平衡的抵抗力才是最健康的。

抵抗力的"6大帮手"

宝宝抵抗力需要多方助力才能茁壮成长，爸爸妈妈也别忽略了这些因素：

1.睡眠要充足

睡眠时间不足，能导致宝宝免疫力下降，而且这是通过其他途径无法补救的。因此，妈妈要培养宝宝良好的睡眠习惯，形成健康的作息时间规律，每天按时睡觉。

2.户外活动的作用不能忽视

户外活动可以增加宝宝免疫细胞的活力，提高呼吸道和消化道黏膜免疫球蛋白水平，从而增强宝宝抵抗力。妈妈可以每天给宝宝做抚触，天气好的时候多去户外晒太阳、做运动。

3.环境因素要注意

宝宝的生活环境要卫生。在传染病流行季节，妈妈不要带宝宝去空气污浊不流通、人群密集的地方，这些地方空气中的病原体较多，容易感染宝宝。家里的温度要适中，不能太冷或太热。每天要开窗通风几次，保持室内空气新鲜。

4.关注宝宝的情绪

情绪的好坏能左右人体的健康，良好的情绪可使机体生理功能处于最佳状态，有助于使免疫系统发挥最大的效应。家庭环境应该是宽松的，家人之间充满爱和包容，宝宝在这样的家庭氛围中，也会快乐而放松。爸爸妈妈不要对宝宝采取斥责、惩罚的不良教育手段，防止造成心理阴影，心情压抑对宝宝的健康非常不利。

5.接种疫苗是防病的有效方法

按时接种各种疫苗，就像给宝宝"装备"了抗病防病的有力武器，面对各种病原体的侵袭，能达到很高的保护程度。而且这种保护是有针对性的，更能精准打击入侵的病原体。

6.益生元有助于抵抗力成长

可以适当给宝宝摄入益生元或含有益生元组合的婴儿配方奶粉。经研究证实，特别配比的益生元组合（GOS:FOS=9:1）能产生与母乳中低聚糖（益生元）相似的效应，帮助建立健康的肠道菌群，并且能增强婴幼儿的抵抗力，预防感染和减少过敏的发生。

抵抗力过激怎么办？

简单来说，过敏就是人体的免疫系统对外来物质发生过度敏感，是一种变态反应性疾病。发生过敏有两个因素，一个是宝宝本身就是过敏体质，还有一个因素就是接触了过敏原。目前来说，过敏原多得数不胜数，生活中几乎任何一件东西都可能引发宝宝过敏。对于1岁以内的宝宝来说，食物过敏是比较常见的。

食物过敏

正常情况下，免疫系统会认为食物是外来和安全的。当食物在消化系统中，会出现某些错误：免疫系统会将某些食物错认为是外来威胁，因此会分泌对付食物的物质（如免疫球蛋白IgE和IgG）。当人体再次摄入该食物，引发化学物质释放，从而产生过敏症状，如皮疹、干草热、湿疹、鼻窦炎、哮喘。

几乎任何食物都有可能引起过敏反应，但最常见的是这七类食品：

小麦、牛奶、鸡蛋、花生、坚果、鱼贝类、大豆。

减少宝宝食物过敏的方法

对于所有儿童来说，预防过敏的发生不可能，但是可以预防或延迟症状的产生，尤其有食物过敏家族史时：

- 通过饮食均衡和多样性，以及定时运动和充足睡眠，促进消化系统和免疫系统发育。

- 选择食物前阅读并理解食物标签并正确选择。食品的标签可以传递重要的营养信息，一定要注意几个不可忽视的内容：保质期(最佳食用期)、保存期(推荐的最终食用期)和营养标示。熟悉宝宝的过敏史，尽量避免购买配料中含有易导致宝宝过敏的成分，如小麦、牛奶、鸡蛋、花生、坚果、鱼贝类、大豆等。

- 减少暴露于过敏原：

  6个月后添加辅食，不能太早。

  从低过敏原食物开始，如铁强化米粉和家庭制作的粥、苹果、梨、根类蔬菜。

  开始添加时，2~3天添加一次，一次一个品种，这有助于发现过敏的食物。

  推迟添加可能过敏的食物，直到年龄大点，如9个月后添加蛋黄，12个月后添加花生油。

  添加的食物要烹饪加工成泥状，因为烹饪能减少很多食物的过敏原。

  保持家庭环境清洁和无烟。

特别注意：牛奶蛋白过敏

牛奶蛋白导致的过敏反应是儿童过敏最常见的一种。幸运的是，随着宝宝的长大，80%～90%的宝宝在5岁后不会再发生牛奶蛋白过敏。母乳喂养和配方奶喂养都有可能发生牛奶蛋白过敏，而母乳喂养的发生率更低。牛奶蛋白过敏的症状包括湿疹、荨麻疹、水肿、腹痛、腹胀、腹泻、便秘、恶心和呕吐等。

牛奶蛋白过敏简单治疗措施

不同宝宝，针对其过敏的严重程度不同，要采取不同的措施：

- 对于牛奶蛋白过敏的母乳喂养宝宝，建议：继续母乳喂养，将所有奶制品从母亲和宝宝的食谱中移除。

- 对配方奶喂养的宝宝，建议：用水解配方奶或氨基酸配方奶替代常规配方奶。将所有奶制品从宝宝的食谱中移除。如果怀疑宝宝过敏，向医生咨询很重要。

- 轻度的过敏，如皮肤湿疹，是机体免疫对食物成分的反应，是儿童免疫系统发育成熟的中间过程，随着儿童年龄的增长而消失。如果不影响正常生活，不需要用药治疗。

提醒妈妈

你知道吗？实验证明，配方奶中添加特别配比的益生元组合（GOS∶FOS＝9∶1）能有助于提高抵抗力，并减少过敏机率。

正确理解发烧，给抵抗力成长的机会

宝宝发烧了，妈妈慌乱和焦虑是难免的，尤其第一次面对宝宝的发烧，妈妈往往不知道该怎么办。要么抱着就往医院跑，要么赶快咨询该吃什么退烧药。但是，有经验的妈妈或者医生一定会告诉你：先别着急！

非常重要的一个事实是：除非中暑，发烧本身不是一种疾病，而是人体对待感染等疾病的保护性症状。说通俗一些，发烧往往是人体的抵抗力在与疾病作斗争的一种表现。当宝宝因病毒或细菌感染而患病，机体会以升高体温做出反应，发烧本身不是宝宝需要抗生素的一种体征。

发烧怎么办？

大于6个月的宝宝体温若低于38.5℃，不需要服用退烧药，除非宝宝不舒服。观察他的行为，如果他进食和睡眠正常，且能够玩耍，你可以等待观察发烧是否好转。对于发烧的孩子，物理降温十分重要。尽可能多饮水，保证多排尿，保证皮肤散热机会增加，温湿敷、温水澡也是较好的方法。

有的父母担心发烧会烧坏孩子。事实是，高热达到一定程度，一般超过39℃，有可能导致大脑功能紊乱，出现高热惊厥，这应该是唯一"烧坏"孩子的可能。由于退热药在体内起作用需要一定时间，所以建议体温超过38.5℃后，就要给孩子服药。这样当体温达到39℃左右时，药物会开始起作用。

对于发烧的宝宝，你还可以做的是：

- 保持房间舒适凉爽
- 确保穿着轻薄的衣服
- 鼓励他摄入液体，如水、稀释的果汁，或买配制好的电解质溶液
- 确保宝宝不会用力过度

提醒妈妈

选择什么体温计？

出于安全考虑，测量体温时不要使用水银体温计，可以通过电子体温计测量直肠、口腔或腋下体温。

物理降温要用温水

可以用温水擦拭宝宝皮肤，以物理的方式帮助宝宝降温。但注意要用温水，而不是冷水。冷水会导致寒战，会使体温升高。也不要在水中加入酒精，酒精能经皮肤吸收，导致更严重的问题，如昏迷。

注意！如果宝宝有发烧和以下情况，马上去医院：

- 看上去病情严重，常常昏昏欲睡或易惊
- 曾在非常热的地方（如温度高的车内）停留过
- 有其他症状，如颈项强直、头痛、咽喉痛、耳痛、咳嗽、未知皮疹，或反复呕吐，或腹泻
- 曾经有惊厥
- 小于2个月，直肠温度38℃或更高
- 小于2岁的宝宝持续24小时发烧
- 大于2岁的宝宝持续3天发烧

合理用药的4条建议

1.要按医嘱用药。在每次给宝宝用药前，都要向医生咨询。

2.家里可以储备一些非处方药，如止咳、降温、口服补液盐、创可贴、消毒碘伏等，以处理宝宝轻微的疾病和伤害。

3.不要在家里存放抗生素，除非是医生开出的处方。抗生素的滥用已经使一些细菌对很多常规药物产生了抵抗力。在宝宝小剂量服用抗生素时，细菌的抗药性也可能会增长。

4.一旦医生开出一疗程抗生素的处方，就需要把这一疗程服用完。

（四）其他养育建议

乳牙成长记

从光秃秃的牙床到满口小白牙都长全，这个过程大约需要3年的时间。乳牙的成长情况是什么样的呢？

- 长牙的时间：绝大部分宝宝会在4~7个月时冒出第一颗牙，如果你的宝宝发育快，可能在3个月时就会冒出白色的牙尖（通常会是一颗下门牙）。如果宝宝发育慢，则可能要等到1岁多才会长出第一颗牙。而最后一颗牙（位于口腔最深处的上下牙）通常要到宝宝2岁左右才开始出现。到3岁，宝宝就应该已经长齐20颗乳牙了。

- 长牙的顺序：通常，先长两颗下门牙，再长两颗上门牙，然后再从两侧向后依次长出。宝宝的乳牙要等到恒齿开始长时才会掉，这一般在宝宝6岁左右。

- 长牙时可能会有不舒服：有些宝宝轻轻松松就度过了长牙期，但有些宝宝则可能在此期间会感到很不舒服。宝宝出牙可能出现的症状包括流口水、牙龈肿胀、爱咬东西、睡觉不安稳等。有的宝宝可能还会发烧。

提醒妈妈

帮宝宝缓解长牙的不适

如果宝宝因为长牙感到不舒服，可以试着用下面的方法帮他缓解：

- 给宝宝一些可以咀嚼的东西，比如磨牙器或冰箱冰过的湿毛巾。
- 给宝宝吃点凉的东西，比如苹果酱或酸奶，可能也会感觉舒服一点。
- 按摩宝宝的牙床。具体做法是，先把你的手洗干净，然后用你的手指轻而稳地摩擦牙床。

所有父母都应该了解的11条安全规则

随着孩子活动能力的增强、活动范围的扩大，发生意外的可能性也大大增加了。爸爸妈妈要有很强的安全意识，不但要严密消除宝宝生活环境中的安全隐患，在陪伴孩子的成长过程中也要时刻小心。

下面这些安全提示，不但爸爸妈妈要注意，也应该让家里所有参与照顾孩子的人了解：

预防玩具伤害

1. 让所有小零件的玩具远离小孩，直到他学会不把这些东西放进嘴里，而这通常要到5岁左右。
2. 不要让宝宝玩大一点宝宝玩的玩具。也要注意大宝宝，因为他们可能会把东西塞到小宝宝的嘴里。
3. 要把未膨胀的和破损的气球远离所有年龄的宝宝，因为它们会带来非常严重的窒息危险。如果宝宝试图吹气球，他会很容易地把气球吸进去。而且，永远不要让宝宝把没有吹起来的气球放进嘴里。
4. 不要把玩具保存在原包装中。订书钉会引起割伤，塑料包裹可能会引起窒息。

预防坠落伤

5. 宝宝单独睡在床上或在床上玩耍时，旁边要有成人保护。当家长离开时，可以临时把棉被置于宝宝的周围，以阻挡宝宝坠床。

6.不要把宝宝单独放在小板凳上、椅子上或高出地面的物体上。

7.确保窗户护栏安全到位，以防止宝宝从窗户跌落出去。永远不要把宝宝床、游戏围栏或者其他儿童家具靠近窗子。

预防烧烫伤

8.在微波炉里使用微波炉专用器皿。在给宝宝之前，尝尝微波加热后食物的温度。不要在微波炉里加热奶瓶，否则会导致液体受热不均，烫伤宝宝。

9.在给宝宝刚加热食物时，要保证温度不会太高。

10.当使用自来水时，总是先打开冷水，再添加热水。当清洗完，先关热水。在给宝宝淋浴前，用手前臂或手背部试水温。

11.不要让宝宝一个人呆在浴室或厨房。

定期体检很重要

社区医院会在宝宝3个月、6个月、9个月、12个月提供免费体检。体检内容包括身长、体重和一般的体格检查，膳食调查和神经心理发育检查。在9个月时保健医生会建议指血检查血常规，判断是否有贫血倾向，以预防贫血，但这不是必需的。

如果家中有测量宝宝身长、体重的工具，可以经常在家中测量，以监测宝宝生长发育情况。

（五）成长需要的心理营养

Baby，我们永远是你最好的玩伴

对于1岁以内的宝宝来说，爸爸妈妈就是他们最好的玩伴。随着宝宝身体能力的发展，可以和他多玩一些亲子游戏了。要记住这是一个非常好的与宝宝沟通，密切关系和加深感情的方法。

推荐几个适合跟小宝宝玩的亲子游戏

"来个逗宝贝竞赛"

适用年龄：5个月以上的宝贝

把爸爸、叔叔、爷爷都聚集起来，一个一个地来到宝贝面前。所有人都要极力做出各种搞怪的表情或动作逗宝贝笑，谁能让这个小观众笑得最开心，谁就赢了这场比赛。如果能够让宝贝进行模仿，那就再好不过了！

"小篮子"

适用年龄：6个月以上的宝贝

当知道自己绝对安全的情况下，宝贝会很喜欢从空中坠下的感觉。妈妈用一只手牢牢托住宝贝的颈部及背部，另一只托着他的腰部和臀部，嘴里说："这个宝贝

好漂亮，我们把他丢到小篮子里吧！"然后，假装要把宝贝丢出去，让他体验仿佛被抛出的快乐。

"全家来搞怪"

适用年龄：7个月以上的宝贝

在这段时期，宝贝非常喜欢出乎意料、荒谬的事物。当爸爸妈妈在家里的时候，尽可能设计出各种古怪情景，把宝贝以出乎意料的方式置于这些情景中。比如，小猫小狗在一声可爱的叫声后突然出现，土豆泥乘着遥控汽车驶到宝贝面前等等。

"小兔子，蹦蹦跳"

适用年龄：10～12个月的宝贝

妈妈坐在地板上，双腿伸直，让宝宝面向妈妈。妈妈双手扶着宝宝腋下，然后举起宝宝在妈妈双腿上有节奏地跳跃，配合一首"小兔子"的儿歌，可以让让宝宝玩得更开心。等宝宝跳得娴熟了，妈妈可以调整跳跃的高度，或者改变跳跃的节奏。

"神奇的魔毯"

适用年龄：10~12个月的宝贝

将毯子铺开，让宝宝坐在中间，妈妈双手拽着毯子的前端，在地板上滑动，要让宝宝抓着毯子的左右两端，以防掉下去。妈妈可以对宝宝说："神奇的魔毯出发啦！嗖~"这样会令宝宝更兴奋。

（六）妈妈最关心的问题和解答

问：宝宝不爱吃辅食怎么办？

答：宝宝不爱吃辅食有很多原因，家长不要因为宝宝不爱吃而生气，这样不但不能帮助宝宝进食，还可能导致宝宝拒绝进食。一些宝宝需要更多时间来习惯新食物的质地、颜色和口味。研究表明，很多宝宝在提供一种新食物大约11次后才尝试。

要鼓励宝宝尝试新的食物，可以这样做：

- 让宝宝在进餐时间高兴和放松。
- 积极鼓励宝宝尝试和接受新食物。
- 早期给宝宝提供各种年龄适宜的食物，以及相应的食物质地和口味，让他为新的味道做好准备。
- 如果宝宝拒绝多次，不要放弃，几天后继续尝试。
- 不要强迫宝宝进食，会导致负面情绪而不喜欢吃饭。

找出合适的时间，一天中最佳开始给宝宝添加辅食的时间，因人而异，密切观察并在宝宝下列情况时喂养：

- 高兴和放松。
- 不太饿，也不太累。

有的家长发现，早上10点和下午4点的时候开始给宝宝添加第一次辅食相对容易，他们表现得比较合作。

问：可以给宝宝喝饮料吗？

答：不要给宝宝提供饮料，如碳酸饮料、果汁饮料、酸奶饮料等，这些不但没有营养，还有对宝宝生长发育无用的添加剂，如甜味剂、着色剂等。

如果方法得当，果汁可以是宝宝均衡饮食的一部分，可以提供稀释鲜榨无糖100%纯果汁（1份果汁、10份凉开水）。宝宝至少7个月以后才能喝果汁，限制在每天120～240ml的量。美国儿科学会建议：

- 在宝宝学会用杯子喝水后提供。
- 不能替代母乳或配方奶。
- 不要过量（多于1天240～300ml），会增加大便稀松和腹泻的危险。
- 不要使用奶瓶装饮料，让宝宝吸吮，会导致宝宝龋齿。

问：有机食物是否对宝宝更好？

答：有机食物，指生长过程中，很少或没有给与人造化肥、杀虫剂、抗生素或激素的农作物。包括有机水果、蔬菜、谷物、鸡蛋、奶制品、肉。与传统农产品相比，通常更依靠自然环境，价格更贵。不过，目前还没有证据证明：有机食物对于儿童和成人更健康和安全，传统农产品的杀虫剂水平对儿童和成人有害。尽管如此，有些家长在给宝宝挑选食物时更倾向于有机食品，但必须是选真正的有机食品，而不是带欺骗性质的有机食品。因此，最终的决定权应该由父母根据自己家庭的实际状况掌握。

1~3岁——
优创力

过了1岁，除了体格和身体能力的继续发展，爸爸妈妈会发现，宝宝越来越有"小大人"样儿了。他开始有自主意识，渐渐明白"自己"是个独立的个体。他的大脑以神奇的速度发育，他开始有自己的思想和喜好，喜欢自己做决定，也开始试探父母的规则和界限。这个年龄段，宝宝开始走向独立了。爸爸妈妈需要从饮食营养、健康保障以及心智的培育各方面为宝宝提供最好的帮助。

（一）了解1～3岁的宝宝

本阶段宝宝的成长里程碑

13个月	• 脑重约900克，相当于成人脑容量的60% • 会说爸爸妈妈、爷爷奶奶，还会使用一些单音节词，如拿、扔、打等，能指认事物和图画 • 能独立站稳　　　• 牵一只手可以走 • 能盖瓶盖　　　　• 穿衣服知道配合
15个月	• 头围45.6～46.6厘米 • 能指认物体的正确方向，会把简单形状的东西放入模型中 • 希望被关注，用手势表达自己的意思 • 自我意识加强，明显表现出不同的气质类型，有的安静温和，有的活泼好动 • 能自如行走　　　• 会指眼、鼻子、口和手 • 会说3～5个字　　• 能自发乱涂鸦
18个月	• 记忆力和想象力有所发展，能记住并认识简单的事物 • 开始有自理能力，能自己端着杯子喝水 • 会扔球但把握不准方向　　• 模仿画竖线 • 能搭起四块积木　　　　　• 白天会控制小便
21个月	• 头围46.8～47.9厘米 • 热衷于模仿成人的动作，喜欢自己洗手，尝试穿衣、刷牙 • 对自己想做的事情有非常明确的想法，并坚持自己独立完成，不愿意让大人帮忙 • 能扶墙上楼　　　　• 能用7～8块积木搭高 • 能回答简单问题　　• 说3～5个字的句子，开口表达需要

24个月	● 大脑发育接近成人的70% ● 注意力的时间比以前长了，记忆力也加强了 ● 能迅速说出熟悉的物品名称，会说自己的名字 ● 求知欲旺盛，喜欢问"为什么"、"是什么" ● 能双脚跳离地面　　● 能一页页翻书 ● 可以说两句以上儿歌
27个月	● 头围47.4~48.4厘米 ● 能独立吃饭，控制大小便的能力也加强了 ● 但还是不会自己穿裤子 ● 有时会表现出某种攻击性，还会产生强烈的逆反心理 ● 能独自上下楼　　● 认识大小 ● 能说8~10个字的句子　● 开始有是非观念
30个月	● 能单脚站2秒左右 ● 对5个以内的物品，已经能分清楚哪个多、哪个少 ● 认识红色　　● 特别喜欢和小朋友一起玩 ● 手的精细能力加强，自理能力也随之提高
33个月	● 头围48~50.3厘米　● 能接受简单的讲道理了 ● 能立定跳远　　● 懂得"里"、"外" ● 能模仿画圆　　● 能连续执行三个指令
36个月	● 大脑发育是成人的80%　● 学会将不同用途的物品分类 ● 注意力已经能集中一段时间 ● 参与比较复杂一些的社会交往，如需要与人合作的游戏 ● 能两脚交替跳　　● 认识两种颜色 ● 懂的"冷了，累了，饿了"

注：每个孩子的发育有个体差异，以上仅供参考。

孕期 优孕力 ┃ 0~6个月 优长力 ┃ 6~12个月 优抗力 ┃ 1~3岁 优创力 ┃ 3~6岁 优备力

继续成长，大脑发育的黄金期

生长发育仍保持快速水平，营养需求量更大

因为身体能力的迅速提高，孩子的活动量比1岁前增加了不少，能量的需求大大增加。中国营养学会推荐1～3岁幼儿能量需要量每天为1050～1350千卡（中国居民膳食营养素摄入量）。事实上，孩子们不可能一天吃三次正餐，大多数宝宝一天只吃一次比较理想的正餐（250千卡）和各一次比较少的午餐和晚餐（各100千卡），再加上两次加餐（各150千卡）和480毫升牛奶（300千卡），这样就能获得差不多1000千卡的热量了。提醒妈妈，在保证孩子摄入足够量主食的同时，不要忽视脂类物质的摄入。孩子2岁前不要随意给孩子吃低脂食物。

"大脑神经网络"迅速发育

孩子生命最初的3年是大脑迅速生长变化的时期。大脑的不同部位指挥和安排着身体各方面的成长。作为大脑最基本的构成单位的神经细胞约有1000亿个。出生后，这些神经细胞会更多地连接起来，构成"突触"，在脑内有序地进行信息传递。大脑的"神经元"和"突触"一起组成了"大脑神经网络"。"大脑神经网络"的发育，让宝宝越来越独立，心理、行为、语言、情绪、认知和社会能力各方面都在迅速发展。

"大脑神经网络"的发育需要2大支持

"大脑神经网络"的发育需要：

1.良好充分的营养，帮助大脑发育。

2.也需要玩耍和与外界互动来进一步刺激其发育。

因此在这个时期，一方面注意为宝宝提供足够的营养，以确保大脑神经网络的神经元及其突触的发育。另一方面也要为宝宝提供丰富的玩耍体验和与外界互动的机会，以更好地刺激大脑的发育和认知的进步。

大脑"智力网络"发育示意图

0月　　　12月　　　36月

*智力网络：即"大脑神经网络"，由神经元及其突触构成。它发挥着信息的感受、传递、储存和处理的作用，从而影响儿童的智能和行为发育，包括语言、情感、学习、记忆、思维、心理、行为等功能。

推动宝宝大脑全面发展

3岁前是大脑发育的最佳时机。不同年龄的宝宝大脑发育的表现不同，12～36个月表现出来的是认知能力的大发展。

你也许已经发现宝宝开始喜欢与人交流。到两岁左右，已经开始跟周围人有了真正意义上的语言沟通。宝宝的想象力也开始发育。他开始喜欢玩假装游戏，想象着自己身边坐着一个小伙伴，或者拿起一块积木放在耳边，当话筒。虽然有时候这看上去有点傻里傻气，却是高度智慧的体现。

同时，孩子的情绪和思维能力也开始发育，有了自己的小脾气，懂得思考和理解简单的问题。这个时期，他也开始能理解并遵守一些规则了。

抓住这个大脑发育的黄金时期，为宝宝提供必要的营养供给和环境刺激，才能充分刺激大脑发挥其潜力，为未来奠定良好的基础。想象力是在宝宝大量的生活经验基础上积累起来的。只有经常带宝宝走向大自然，与社会接触，才能有机会让他们丰富自己的生活经验，为想象力的发展打下基础，这是宝宝智力发育的最好方式。

（二）营养建议：好营养才有出众智力

保障大脑发育的关键营养

1～3岁是宝宝大脑发育最快的黄金时期，就像身体其他器官一样，宝宝的大脑发育也需要营养。保证均衡多样的饮食，特别是蛋白质等重要营养的摄入很重要，但同时也要格外注意一些关键性的营养素，他们在大脑发育的过程中扮演着重要的角色。

重要营养：DHA

DHA俗称"脑黄金"，是对人体非常重要的若干种脂肪酸之一。DHA是大脑和视网膜的重要构成成分。足量 DHA，有助于促进婴幼儿视网膜和大脑生长，提高视觉敏感度，增强记忆力与思维能力。研究表明，DHA水平高的宝宝，智力和视力都好于水平低的宝宝。

从哪里获得？

除深海鱼和蛋黄以外，大多数食物不含或仅含少量DHA。深海鱼油可用于补充DHA，但深海鱼容易富集铅、汞等重金属，因此在选择时要格外关注这一点，尽量选择可靠的品牌。另外，富含 α-亚麻酸的橄榄油、花生油、核桃油等食用油也有助于提高体内DHA水平。

重要营养：胆碱

胆碱也是人体必需的营养素之一。胆碱在人体内主要作为细胞膜的重要组成成分，维持细胞膜的完整性和传递细胞间的信息；胆碱也是重要神经递质乙酰胆碱的前体；胆碱还参与体内能量转化的过程。在母乳中存在大量胆碱，而在婴儿配方奶中加入的胆碱能有助于促进婴儿大脑发育。

从哪里获得？

动物肝脏、蛋黄、牛肉、瘦猪肉、西蓝花、大豆、花生等富含胆碱。母乳喂养的宝宝可以从母乳中获得胆碱，婴儿配方奶中则必须额外添加胆碱。蛋黄可以为添加辅食的宝宝提供丰富的胆碱。

重要营养：铁

铁主要存在血液红细胞的血红蛋白中，帮助血红蛋白将氧气从肺脏运送到人体各组织细胞。铁也存在人体其他细胞中，并参与人体内某些重要酶的作用。美国研究人员发现：缺铁会影响婴幼儿智力发育，即便日后得到治疗，婴幼儿时期缺铁的儿童也难以达到正常的智力水平。铁缺乏时容易造成人体组织细胞供氧不足而影响新陈代谢，这对代谢更新快速的大脑损伤更大，尤其是对处于大脑生长期的孩子。同时铁缺乏时儿童更容易受到铅等有毒元素的危害，这又进一步加重了对大脑的危害。

从哪里获得？

动物血、肝脏、瘦肉、牛肉、羊肉等动物性食物中富含铁，并以人体容易吸收利用的血红素铁为主。绿叶蔬菜、黑木耳、芝麻酱中的铁含量也比较丰富，但植物中含有的铁为非血红素铁，不易被吸收利用。

提醒妈妈

铁是最容易缺乏的微量元素之一。

宝宝出生6个月后（相比前6个月）铁的需要量增加，这是因为：

- 宝宝快速生长，如果饮食摄入补充不足，在母亲子宫里肝脏储存的铁将被用光。
- 血容量增加，铁的需求量也增加。

铁摄入不足，会导致缺铁性贫血。症状包括疲劳、记忆力和学习能力损害、免疫力低下。

6个月以上的宝宝血色素低于110克/升时，就要及时咨询医生，补充铁剂，积极治疗铁缺乏。

提醒妈妈

均衡的日常饮食对大脑发育很重要

通过以下食物搭配可以保证宝宝获得均衡的营养：

● 谷类食物（提供碳水化合物、维生素和矿物质，以及一些蛋白质）

● 富含蛋白质的食物（提供蛋白质、脂肪、维生素和矿物质）

● 蔬菜和水果（提供维生素和矿物质）

● 1～3岁幼儿膳食宝塔

了解膳食宝塔（膳食宝塔中建议的各类食物摄入量都是指食物可食部分的生重）：

● 第一层：烹调油20～25g。

● 第二层：蛋类、鱼虾肉、瘦畜禽肉等100g。

● 第三层：新鲜绿色、红黄色蔬菜以菌藻类150～200g；新鲜水果 150～200g。

● 第四层：谷类（包括米和面粉等粮谷类食物）100～150g。

● 第五层：母乳和乳制品，继续母乳喂养，可持续至2岁；或供应婴幼儿配方食品80～120g。

丰富又营养的一日三餐给脑力加油

1岁以后的孩子可以吃家庭食物，需要时把食物做成小块状。要保证全面营养，谷类、肉类、蔬菜类、水果类和奶类都需要选择。

	星期一	星期二	星期三
早餐	西红柿鸡蛋面	鸡蛋胡萝卜饼	猪肉白菜蒸饺
点心	蛋糕	蒸红薯	蒸玉米
午餐	米饭 猪肉饼 炒小白菜	米饭 土豆炖牛肉 炒西蓝花	米饭 鸡肉丸子炖萝卜 蒸肉末鸡蛋
点心	苹果 香蕉	梨 黄瓜条	橘子 苹果
晚餐	鱼肉豆腐粥	肉末豌豆粥	黄瓜肉丁面

好营养才有出众智力

	星期四	星期五	星期六	星期日
早餐	鲜肉包子 小米粥	鲜肉馄饨 西红柿鸡蛋汤	西红柿鸡蛋羹 馒头	花卷 (花生酱/葱)
点心	煮鹌鹑蛋	面包	蒸南瓜	煮鸡蛋
午餐	米饭 肉末豆腐 胡萝卜炖牛肉	米饭 菠菜猪肝蛋花汤	米饭 蒸鱼 炒西蓝花 土豆泥	米饭 海带排骨汤 西葫芦炒鸡蛋
点心	香蕉 梨	火龙果 香蕉	梨 橘子	苹果 葡萄
晚餐	疙瘩汤	米饭 排骨炖豆角	胡萝卜肉末粥	米饭 玉米虾仁 大白菜

侧栏：孕期 优孕力 | 0～6个月 优代力 | 6～12个月 优抗力 | 1～3岁 优创力 | 3～6岁 优备力

与挑食宝宝"斗智斗勇"

1岁以后，许多孩子都会出现挑食的现象，体现出对某种食物的偏好——有的爱吃肉食，有的爱吃甜食，有的不肯吃菜等等，挑食过度就容易出现偏食。对待宝宝的挑食和偏食，爸爸妈妈应该怎么办呢？

首先还是要放轻松。1～3岁的宝宝饮食量不是很稳定，父母可以经过多日的观察发现宝宝的日均进食量。如果宝宝这两天不好好吃东西，不要着急，过两天他自己就会多吃补回来的。其次，要有耐心，不强迫也不放弃。其实每个宝宝都可能有不同程度的偏食，父母越强行纠正，宝宝可能会越反感。因此，建议爸爸妈妈不宜强迫进食，否则可能适得其反。

很可能过一段时间后，宝宝就会接受某种原来不爱吃的食物。

此外，还有些小办法可以帮助调整宝宝的口味：

1.团团坐

大家一起吃饭的气氛很有感染力，你吃得津津有味他也会嘴馋。开始的时候餐桌上要有一两样他爱吃的食物，渐渐地孩子就会接受多种食物了。

2.培养新口味

孩子每天只吃一种他喜爱的食物，会造成营养不良，我们需要培养他新的食物兴趣。可以在三餐中选一餐做他最喜欢的食物，而其他的两餐则另选其他食物。孩子的习惯已经得到满足，另一方面在两个都不喜欢的食物中选一个，不会引起他的反感。不论选哪一个，都是一种新的尝试，就是可喜的进步。

3.游戏中的技巧

比一比看谁吃得快，把小饼咬成一个月牙，看谁盘子里的豆豆少得快……虽然都是用滥的招数，可却很管用，尤其是对付2岁以下的宝宝，他们就吃这一套。

4.巧妙加工

对宝宝不爱吃的食物在烹调方法上下工夫，如注意颜色搭配、适当调味或改变形状等。不爱吃炒菜就用菜包馅，不爱吃煮鸡蛋就做成蛋炒饭，总之要多变些花样，让宝宝总有新鲜感，慢慢适应原来不爱吃的食物。

5.别给太多

孩子的胃容量很小，满满一盘子的食物，看着就饱了，确保他们的量够吃就可以了。

6.请宝宝帮帮忙

准备饭菜时，让孩子做你的小助手(一定要确保在没有危险的情况下)，这也是培养他们对食物产生兴趣的一种方式。

提醒妈妈

给宝宝准备饭菜注意"三个不要"

- 食物块不要太大，最好能让宝宝一口吃进去。
- 不要催促，有些孩子吃饭就是慢吞吞。
- 餐前不要给孩子喝太多的牛奶和果汁，否则不用吃饭就饱了。

断母乳请慢慢来

世界卫生组织推荐母乳喂养到2岁以上。如果条件允许，妈妈们仍然可以继续给孩子喂母乳。如果考虑断母乳，需要注意的关键是：循序渐进。

断奶的时间根据妈妈和宝宝自己的情况而定，粗暴强硬地停止母乳喂养不但对孩子来说是巨大的心理伤害，对妈妈也不好。所以断奶要慢慢来，要经历一个渐进的过程。给乳头涂辣椒水或其他让宝宝难受的物质是不可取的。慢慢断奶对宝宝的神经心理发育和母亲的乳房都不会带来问题。母亲可以每天给孩子喂1~2次奶，一直喂到2岁，直到完全停止母乳。

提醒妈妈

配方奶帮助宝宝维持营养均衡

这个阶段，要注意补充优质蛋白，以满足生长发育的需要。可以给宝宝选择1~3岁幼儿配方奶，各种营养物质配比合理，含量均衡，适合宝宝肠胃的吸收。另外，因为宝宝的肠胃还没有发育完全，建议不要给他们喝成人奶，也不要给孩子喝过多酸奶，以免增加肠胃负担。

可继续给予母乳喂养直到2岁（24月龄），或每日给予适量的幼儿配方奶粉。建议首选适当的幼儿配方奶粉，或给予强化了铁、胆碱、DHA等多种微量营养素的食品。当幼儿满2岁时，可逐渐停止母乳喂养，但是每天应继续提供幼儿配方奶粉或其他的乳制品。

(三)重点养育建议：给智力成长加分

在这个阶段，宝宝不仅要补充有益"大脑智力网络"发育的关键营养；也更需要充分的玩耍和探索，从而促进"大脑智力网络"的连接的发展和建立。

3个日常小贴士，让宝宝更聪明

真正让宝宝变聪明的"配方"是什么？它远比你想象的简单：

1.常常把宝宝抱在怀里，亲亲他，和他聊天，讲故事。别忘了，你是他最期盼、最钟爱的"玩具"。

2.给他准备一些开放式的玩具。比如积木、套圈、帮助分辨形状的拼图、球、纸盒、娃娃，甚至一套玩具厨具。相比那些只有一种固定玩法的玩具，它们能极大地激发孩子的想象力。

3.给他自由玩耍的空间。这里的空间不仅仅指一块铺着地毯，任由孩子"糟蹋"的地方，而且这必须是一段没有妈妈遥控，随心所欲展现"游戏才华"的时间。自由探索是每个孩子的天性，要相信他，只要给他足够的道具，他就能让你惊喜，而你只需要在一旁由衷欣赏。

对智力发展最重要的三种玩具

3岁以前，玩具是宝宝很重要的"玩伴"，选对玩具不但能给宝宝带来更多的快乐，也能促进智力的发育。

1.球类

球是大部分宝宝都会喜欢的一类玩具，它可以朝任意方向滚动的特性与任何玩具都不同，令宝宝产生浓厚的兴趣。

怎么选? 如何玩?

- 随着年龄的增长，球的体积应该越来越小，这样可以训练宝宝小手的精细动作。

- 可以为宝宝提供各种材质的球类，包括棉质、毛绒、塑料等，接触不同材质的球，有助于宝宝触觉的发展。

- 最初给宝宝提供的球类最好是单一色的，这样可以让宝宝把精力都集中在球的本身，更好地研究球的特性和玩法，如果颜色太多，容易让宝宝把注意力集中研究球的颜色上。

2.积木

积木可以满足宝宝积高和搭建的欲望，对培养宝宝的秩序感和逻辑思维很有帮助，甚至能为宝宝以后的几何学习打下一定的基础。

怎么选？如何玩？

- 最初的积木可以从三块开始，熟练以后可以逐渐增加积木的块数。3岁以前，宝宝能够搭建的积木块数在10~20块之间，不用提供太多，块数太多，一方面可能会分散宝宝的注意力，另一方面宝宝搭建不完，可能会带来挫败感。

- 最初给宝宝提供的积木最好是单一的原木色，这样可以让宝宝认识积木本来的颜色，另一方面，可以让宝宝集中注意力来搭建，在宝宝已经搭建得很好以后再逐渐引进各种颜色。

3.毛绒玩具

毛绒玩具非常柔软，能给宝宝带来安全感，对于培养宝宝的情绪和情感非常有益。5岁以前，宝宝会觉得玩偶类的毛绒玩具都是有生命的，是他们的"玩伴"，经常和他们玩"假扮游戏"，这些游戏对宝宝社会性的培养很有益处。

怎么选？如何玩？

- 毛绒玩具的大小以不超过宝宝身体的大小为宜，太大的毛绒玩具可能会给宝宝带来恐惧感。

- 买小熊、小象还是毛毛虫?对于毛绒玩具的形象，在宝宝2岁以前可以由父母给宝宝选择，2岁以后宝宝有了自己的喜好，就可以按照宝宝自己的喜好选择。

---提醒妈妈---

多给宝宝选择开放式玩具

相比会动、会说话的电动玩具，积木、橡皮泥等没有特定玩要规则的"开放式玩具"似乎并不太受父母青睐。但事实上，电动玩具通常只会按照预先设定的程序唱歌、说话或移动。孩子们玩要时只是被动机械地按开关按钮，非常被动。而"开放式玩具"看似简单，但就因为没有固定的模式，孩子可以自由发挥，创造各种不同的玩法。

专家提示，给孩子玩的玩具应该越少、越简单、越好。如果一次只给孩子一二种简单的玩具玩，他们就会充分发挥想象力和创造力，调动尽可能多的内在资源去玩这几个玩具。简单的玩具往往是孩子的最爱，也是孩子最需要的玩具。

越玩越聪明

玩耍是孩子生活的重要内容，而运动是孩子玩耍的一种特殊形式，对生长发育和大脑发育都能发挥重要的作用。运动不但能促进孩子身体健康、动作灵敏、智力发展，而且可以锻炼性格，如持久性、忍耐性、判断力及培养协作能力、团队精神，同时增强孩子与同龄伙伴间的关系。

父母应该根据孩子的年龄和季节安排适当的户外运动。运动是让孩子聪明又健康的一剂"良药"。

根据季节适当调整作息，保证户外活动

夏季，应延长早晚在户外活动的时间，中午户外炎热，可延长午睡时间。如果有条件，如花园内有树荫、走廊等，一天之内，除了午睡和吃饭，均可在户外活动。冬季，可多利用阳光充足、室外温度较高的时候在户外活动。

运动最重要的是"参与"和"乐趣"

不要强迫孩子进行体育活动，要让他们自愿参与。也不必太在意孩子是否有一项体育特长，有研究表明，这对他们未来的体育成绩没有什么影响。

运动量要适当

运动量过大会伤害孩子，甚至影响发育。如长时间地走和跑，孩子容易疲倦，跳跃动作过量会影响心脏。要掌握动静

交替地活动，适时调换新的内容。冬季活动量可以大一些，夏季宜小。饭前、饭后不宜进行体育活动，午睡后是主要活动时间。体弱孩子的活动量要适度，如散步等。对于特别好动的孩子，应注意不要让他们长时间的剧烈运动。

全家一起来

运动是一个很好的增进全家人感情的时间。父母要为孩子树立榜样，只有父母坚持，他们才有可能坚持。每天在家看电视或电脑的时间不要超过2个小时，才能保证有时间和孩子进行体育活动。

大自然是最好的学堂

在和大自然接触的过程中，各种新鲜事物也会有效地刺激宝宝"大脑网络"的"突触"的发育，帮助宝宝变得更聪明。而且，宝宝和大人一样，喜欢多变的风景、多彩的花草、清新的空气。遇见不同的人，到不同的地方，同样可以拓宽宝宝的视野，增长宝宝的见识，留下美好的回忆。所以，要多找一些机会带宝宝出门去，和宝宝一起感受大自然的无穷乐趣。

户外欢乐游戏

"散散步"

这是最简单的方式，但千万别小看走走看看聊聊天的过程，孩子会从中有许多收获，你们之间的关系也会更亲密。

"采集树叶和石头"

提上小桶，收集形状和色彩各异的石头和树叶，别忘了摸一摸粗糙的树皮，娇嫩的花朵。

"看星星"

最好能到距离楼群远一点的开阔地方，来一次神秘的夜晚之旅。

"野餐"

准备简单的食物，比如面包、火腿肠、煎蛋、水果，然后找个附近的小公园，铺块大方布，坐下来野餐！

"跳房子"

利用周边道路上的不同颜色的地砖，制定一些简单规则玩跳房子的游戏。

提醒妈妈

出门别裹得太严实

很多妈妈认为只有把宝宝裹严实了，才能保证宝宝不着凉。其实，裹得太严实不仅不能保证宝宝不得病，而且也失去了让宝宝到室外活动的意义。适宜地穿着，对宝宝的"户外游"是非常重要的，让宝宝稍稍感受外界的气温变化，可以刺激宝宝的免疫系统，提高宝宝的抵抗力。

和宝宝聊天，帮助语言发育

当妈妈，几乎是一种与生俱来的天赋，和宝宝聊天也属于天赋之一。聊天的过程不仅能为宝宝的语言发育铺平道路，教会宝宝如何用心地与他人交流，而且一种叫做爱与温柔的东西自然地在妈妈和宝贝之间涌动。

- 说话时，眼睛看着你的小听众。开始和宝宝说话之前，你可以先和宝宝有个简单的眼神碰撞或交流。这样的话，他专注听你说话的时间会更长，也更容易对你的话语做出积极回应。

- 语言要简短，声调要起伏。对一两岁的孩子说话，最好使用短句，每个句子里有四五个词汇就好。你还可以在某些字词上，用特别的语调和语气强调一下。比如"这口饭饭真香啊"里面的"香"就可以变成强调的对象。因为宝宝的注意力集中时间真的很短，如果你对他说话时，句子非常长，而且还没有任何音调的起伏，那么这些话宝宝就几乎无法理解。

- 边说边演。有些话，你可以用肢体语言给它们加个注解，这样宝宝更容易明白。比如你说"跟猫咪说再见"时，同时挥舞自己的手。眼见为实，配上这么一个动作，宝宝很快就能了解再见的意思。

- 像记流水账似的描述正在进行的事情。当你给宝宝洗澡、换尿布、穿衣服的时候，可以像个足球赛事的解说员一般"唠叨"："妈妈要给你脱掉纸尿裤，然后洗屁股哦！"

在你说每一句话的时候，宝宝的脑袋瓜里都在高速运转，处理每一个与言语有关的细微信息。而且，这绝对是宝宝学会说话前不可落下的一课。

- 念一些儿歌和童谣。你知道吗？宝宝都喜欢有韵律的歌谣，它们有固定的节奏，有抑扬顿挫的调子，听起来有意思极了。如果你实在念烦了那么几首熟悉的歌谣，那么也可以给宝宝朗读一些你喜欢的杂志或书籍里的内容。

（四）其他养育建议

好好睡觉，才能茁壮成长

规律良好的睡眠习惯，是宝宝茁壮成长的基础，对营养吸收和生长发育发挥着积极作用。如果睡眠不足，会引起生理功能紊乱、神经系统失调、抵抗力下降，影响宝宝的生长发育。虽然说让一个睡觉不好的宝宝变成一个睡觉好的宝宝是比较困难的事，但妈妈们仍然可以做一些事情来培养宝宝养成良好的睡眠习惯：

1.睡前准备

通过给宝宝洗澡、刷牙等睡前准备工作来使他安静下来，产生睡觉的意识。比如："我们要洗洗澡、刷刷牙，准备睡觉了。"

2.采用适当催眠方法

● 播放催眠曲：建议在宝宝睡觉前，每天播放同一首催眠曲来帮助孩子入睡。《摇篮曲》等悠扬舒缓的曲子都是不错的选择，如果由妈妈来唱的话，效果更佳。

● 说同样的话：每天在睡觉之前，可以对孩子讲同样的话，来养成睡眠的条件反射。如："你看，小狗睡觉了，鸟儿睡觉了，我们宝宝也要睡觉了。我们来比比看，谁睡得最快最香。"

● 讲故事：故事控制在10分钟以内，情节不要太离奇或恐怖，以免引起孩子兴奋。建议通过讲不同小动物睡觉的故事来引导宝宝慢慢入睡。

3.培养午睡好习惯

让宝宝在午后睡一觉，但不要在下午三四点钟后再睡。从孩子午睡醒来到晚上睡觉前，应保证有超过4个小时的空闲时间。

4.按时睡觉，睡前要利索

别让宝宝晚上睡得太晚，否则会打扰宝宝入睡的时间，影响白天睡眠。每天最好晚上9点前上床睡觉，同时别在宝宝睡觉前拖延太长时间。

5.不能过分干扰宝宝睡眠过程

在刚刚睡着的时候，或睡眠中的浅睡眠时期，孩子可能会翻个身、动一动、哭一两声，这时妈妈不用紧张，这是很正常的现象。除非宝宝哭得特别厉害，时间又长，否则不要急着去哄他或抱起他。这样，反而很容易吵醒了他。而一旦被吵醒，孩子就可能兴奋得完全醒了，反而更不容易睡着。

6.白天有充足的运动量

在宝宝的每天日程安排中，一定要有足够量、足够强度的运动量，尤其是到户外的活动。现在的孩子饮食好，能量足，精神旺，如果白天没有一定强度的运动量，那么宝宝旺盛的精力得不到释放，晚上就很难入睡了。

这些小细节能让宝宝睡得更舒服：

- 一张平坦的床，床垫软硬适中，过软的床不利于宝宝脊柱发育。
- 纯棉质地的、干净的床单和被罩。
- 合适的温度，如果宝宝的颈、背部有汗，说明宝宝有点热。
- 合理的湿度，以50%左右为宜，使用加湿器时不要让水雾直接喷向宝宝。
- 室内光线尽量保持昏暗。
- 睡前洗个澡，换一套干净舒适的衣服。

提醒妈妈

睡眠情况的个体差异很大

　　宝宝之间的睡眠有着个体差异，有些宝宝睡得多，有些睡得少，只要宝宝情绪状态和生长发育良好，不必总跟别人比较。

如厕训练的简单教程

美国儿科学会建议，最好等宝宝两岁以后才开始如厕训练。两岁以上的宝宝，不管在身体和理解上，都做好了更充分的准备，这不仅能让如厕训练进行得更加顺利，而且对宝宝的身心发育都是最好的选择。

物品准备：儿童便盆一个、宝宝小内裤若干、裤腿宽松的裤子若干、纸尿裤若干。

开始制造气氛

- 把便盆放在厕所，并告诉宝宝它是做什么用的。如果他只是把便盆当个玩具一样玩，也不用管他，首先建立起宝宝对便盆的熟悉感很重要。
- 在你上厕所时，叫宝宝也一同进来，并且给他示范正确的如厕步骤，特别不要忽略后续环节——擦拭、冲水、洗手。
- 鼓励宝宝每天在他的小便盆上坐一会儿，开始也别指望他真能乖乖地在上面"方便"。

日常训练

- 给宝宝换上易脱的内裤和裤子。
- 定时定点。每天找一些固定时间段让宝宝坐在便盆上，比如早起睡醒后、吃饭后、坐车出去之前、临睡前等，以此

孕期 优孕力 ｜ 0~6个月 优化力 ｜ 6~12个月 优抗力 ｜ 1~3岁 优创力 ｜ 3~6岁 优备力

来慢慢养成规律的排便习惯。

- 如果看到宝宝有想便便的意思，直接跟宝宝说："走，咱们上厕所去。"而不是问宝宝要不要去。
- 让宝宝在大小便的时候保持轻松、愉悦的心态，甚至可以给他讲个故事，或者一起唱歌。
- 如果宝宝没忍住，尿裤子了，千万不要发脾气，悄悄打扫干净。
- 出了家门，也要让宝宝上厕所，他以后才会习惯使用其他厕所。

提醒妈妈

一定要有耐心，做好打持久战的准备

根据宝宝的状况和接受程度的不同，如厕训练可能要花上3～12个月。如果宝宝表现出烦躁或者压力很大时，可以停止训练，过一两周再重新开始。宝宝的进度有的快有的慢，这都不是大问题，一定不要太焦虑。

帮助宝宝交朋友

2岁以下的宝宝还不会真正地与人交往，"交朋友"这个本领通常要在2岁以后才会逐渐开始掌握。这个过程中，也需要妈妈的许多帮助：

- 鼓励宝宝帮助别人；让宝宝帮你把待洗衣物分堆或是擦桌子。在关心他人的氛围中长大的孩子，往往会有更好的人际交往能力。
- 给宝宝做榜样。如果想让孩子成为这样的人，爸爸妈妈彼此要有礼貌、尊重对方、关心对方。
- 称赞宝宝的交往能力。当宝宝为人着想或有礼貌的时候，告诉他你非常自豪。
- 降低宝宝间的竞争激烈程度，和其他小朋友在一起时，允许宝宝把自己不愿意与人分享的玩具先收起来，防止宝宝们为了玩具争抢打架。

孕期 优孕力

0～6个月 优化力

6～12个月 优抗力

1～3岁 优创力

3～6岁 优备力

（五）成长需要的心理营养

全家总动员日，宝宝最好的心理加油站

随着孩子的长大，亲子关系逐渐稳定和巩固，孩子在逐渐独立的过程中，也会将自己的依恋从妈妈身上慢慢扩大到爸爸以及其他的家人。亲子依恋关系是孩子绝对不可或缺的成长环境，也是每个父母必须给予孩子的健康成长基础。如果孩子缺乏这种亲子依恋关系的体验，将会对未来的成长造成极为不利的影响，并持续到成人期。家庭关系的稳定、和睦和密切，以及良好的家庭氛围，将给孩子带来更多的幸福感和安全感。父母必须保证足够的时间同孩子相处，爱孩子需要实践和足够的时间，而固定的家庭仪式就是达成这个目的好方法。

家庭仪式最简单的理解就是全家人在一个固定的时间一起做一件事情，最容易的，比如散步，或者一起准备一顿饭。此外，你们还可以一起：

★ 全家大采购。比如每周安排一个时间，全家人去超市。爸爸负责采买全家人一周的伙食，妈妈负责日常用品，小朋友就负责小零食吧。

★ 睡前分享会。每天的睡前时间，每人都说一说今天的高兴的事。当然，如果有沮丧的事情愿意与家人分享，也能得到大家的安慰。

★ 每月看片会。每个月挑一个固定的时间，一起回顾这个月拍摄的照片或者录像吧。可能会因为一张搞怪的照片哄堂大笑，也可能会被拍摄的某一个温暖瞬间而感动。

★ 大家庭的温暖。每隔一段时间回到爷爷奶奶家、姥姥姥爷家，感受更大家庭的温暖。

★ 一起出游。找个固定的时间一起去逛公园、动物园、博物馆吧，或者去郊游。

（六）妈妈最关心的问题解答

问：我家宝宝1岁多了，还在母乳喂养，但是他每天夜里醒来很多次，要吃奶，我担心这样会影响他休息，影响他的身体发育，我是不是应该给他断掉母乳呢？

答：1岁以后你可以试着断夜奶了。夜间如果宝宝熟睡未醒，可以延长喂奶的时间间隔。即使宝宝醒来，也要先判断宝宝是不是饿了，而不是马上喂奶。因为宝宝夜里醒来的原因还有很多，如果宝宝不饿，可以通过抱、拍、唱催眠曲、换尿布或其他事情来分散宝宝的注意力，也可以让宝宝触摸妈妈的乳房，获取一些安全感。还可以试着让爸爸来安抚宝宝，或喝点水，这样也不会养成醒了就要吃奶的习惯，可养成夜里睡长觉的习惯。

问：宝宝快两岁了，我发现他的牙齿排列不整齐，七扭八歪的，需要矫正吗？

答：这个年龄段的宝宝，牙齿还没有长齐，还有自行调整的余地，所以一般不做矫正。在牙齿全部萌出后再考虑是否做矫正吧。

问：宝宝没食欲，可以吃点开胃药吗？

答：不提倡使用开胃药，可能在刚开始服用的一周内会使宝宝的胃口有所改善，但是一旦放弃服药，所有症状立刻又出现，而维生素没有刺激食欲的作用。建议带宝宝去医院化验一下，看是不是由于缺乏锌、铁等元素或有肠道寄生虫造成的厌食。
另外，可以经常变换食物的花样，色香味俱佳的食物能引起宝宝的食欲。

问：在应该打疫苗的时间刚好宝宝生病了，还能带他去打疫苗吗？

答： 虽然疫苗接种有一定的时间要求，但是也要避免在宝宝身体情况不佳，抵抗力低下时接种。因此，宝宝生病的时候，疫苗的接种应当适当推迟。如果宝宝生病刚刚痊愈，也应该在痊愈后的一星期再考虑接种。

问：宝宝快两岁了，体重总是不怎么长，这正常吗？

答： 如果宝宝吃得很好，但是体重不怎么增长的话，可能是因为身体活动多了。这是非常好的一件事，如果妈妈担心的话，那就除了量体重以外再量量他的身高。身高顺利长高，就说明宝宝的营养是足够的，不需要担心。

3~6岁——
优备力

多数小朋友从3岁开始就要上幼儿园了。无论对孩子还是对父母来说，这都是一个意义非凡的人生里程碑。从上幼儿园，到后来即将迈入小学的大门，是孩子脱离父母，走向社会的开始。这个阶段的宝宝面临抵抗力、智力和体格的更大挑战，所以父母需要从营养和哺育上、健康和心理行为各个方面帮助孩子做好全方面的学前准备。

（一）了解3~6岁的宝宝

本阶段宝宝的成长里程碑

3~4岁	能协调地跑、跳，会投掷 会自己系扣子 想象力开始迅速发展 会说超过1000个词汇 能感知天气、季节的明显特征 知道自己的名字、性别
4~5岁	能按节奏做动作，会较好地控制平衡 会手眼协调地玩拼插游戏 能正确认识圆形、方形等不同形状 能够识别上下左右等方位 懂得关爱别人、帮助别人，懂得礼让 冲动和发脾气的行为比较明显
5~6岁	喜欢做大体力的游戏 会做折纸游戏 认识星期和四季 想象的内容丰富，开始具有情节，符合客观逻辑 6岁时掌握的词汇量达到3500多个 画人至少能画三个部位

体格和心理在成长

身体和活动能力持续发展

孩子的身高体重仍然在持续增长，语言、思维和想象力日趋成熟，已经能够运用语言来表达自己的思想，也能够很好地模仿成年人的行为和习惯。由于活动和锻炼增多，体质逐渐增强，对感染性疾病的抵抗能力也增强了。3岁时，孩子不再是机械的站立、跑动、蹦跳和行走。无论向前、向后或上下楼梯，他们的运动十分灵活，骑三轮车也很容易。4岁时，孩子已经具有成人的协调和平衡感，他的肌肉力量也强得足以完成一些挑战性的任务，例如翻跟头和立正跳远。5～6岁以后，孩子神经系统的发育已比较成熟，能很好地控制身体，手脚灵活，能在一条直线上走、单足跳、跳绳、跳舞等。

开始过渡到独立进食和家庭膳食

虽然这个时期孩子的生长速度比婴幼儿期减慢，但也处于体格发育的关键期，新陈代谢旺盛，所以满足他们对各种营养素的需求非常重要。同时，这个时期的孩子已经可以和家里人一起吃饭了，不再需要单独准备饮食。父母要利用这个机会培养孩子的独立性以及正确的饮食习惯。

心理及社会能力与体格同步发展，开始建立自己的朋友圈子

　　孩子从3岁开始逐渐形成自己的个性，并且开始获得基本的学习能力。这个阶段是孩子想象力最为活跃的时期，几乎贯穿于孩子的各种活动之中。父母要保护和鼓励想象力思维，保护孩子的好奇心和求知欲。孩子开始喜欢和同龄伙伴一起玩耍，这个过程孩子的各项能力发展都有重要作用。

本阶段妈妈的
重要任务

帮助宝宝做好学前准备

3岁以后，大部分孩子都要上幼儿园了，离开熟悉的家庭环境进入集体环境，建立伙伴关系，之后又逐步要向小学迈进。这三年是学前准备的关键期，从抵抗力到体格以及智力，妈妈都要帮孩子做好充分准备。

这个阶段的宝宝，活动范围更广，与外界和同龄宝宝的接触更频繁，从而面临更大的抵抗力挑战。因此，帮助宝宝进一步建立和强化自己的抵抗力对本阶段宝宝的健康成长至关重要。此外，宝宝将面临更大的活动量和更丰富的运动类型，身高和体重也继续快速增长。所以，补充优质营养，强健体格对本阶段宝宝的成长也不容忽视。学前准备还需要充分的智力准备，爸爸妈妈要注重培养宝宝多样的爱好，以玩耍和游戏作为早期学习的主要方式，合理膳食营养，帮助宝宝发挥更多成长潜力。

（二）营养建议：好营养带来学前准备力

吃出健康体格的8条建议

父母对学龄前的孩子在饮食方面的关注重点是：保证营养均衡，能量足够，同时从心理和习惯层面帮孩子构建正确的饮食观念和态度。

1.注意合理的饮食搭配，保证能量

谷类食物仍是学龄前儿童的主要能量来源，注意合理的粗细搭配，建议摄入量200克左右。保证动物性食物的摄入，包括肉、禽、鱼、蛋、豆制品、动物肝脏等，每天摄入不超过100克。多吃新鲜蔬菜和水果，各250克左右。合理摄入奶及奶制品、豆制品，保证为身体提供足够的优质蛋白，奶及奶制品的摄入量为250克左右，豆类25克左右。

2.安排好正餐和加餐

一般每日三餐，每餐间隔为4小时，每餐之间安排水果或酸奶作为加餐。

3.选择适合的零食

完全不让孩子吃零食是不现实的，只要零食不影响正餐，就可以让孩子适当吃一些。建议选择小奶酪等奶制品，也可以选择孩子喜欢吃的水果作为零食，或将其榨汁饮用。但切记，不要把果汁当水喝，每天1~2杯即可，饮料还是以白开水为主。

4. 养成饭前洗手，饭后漱口的卫生习惯

饭前1小时内避免摄入水果、点心，以免影响正餐。

5. 进食专心，并细嚼慢咽

最好将吃饭时间控制在30分钟以内。

6. 鼓励进食，但不强迫孩子吃东西

尊重孩子对食物的适当选择，保持孩子对进食的兴趣。

7. 父母要以身作则

学龄期儿童的模仿能力强，避免受家庭成员影响，形成偏食、挑食的不良饮食习惯。

8. 不要以食物作奖励或者惩罚

这样做会导致孩子对于饮食和食物有不正确的态度，或者反而过分偏爱某类食物。

要机灵，不要胖

研究表明，青春期甚至成年以后肥胖的"始作俑者"都是儿童期的肥胖。肥胖不仅会引起一系列其他病症的连锁反应，还会在孩子心中，埋下自卑的种子，影响他一生的身心健康。所以，孩子的体重也应该是我们重点关注的问题。

4~6岁是肥胖的高发年龄，而这个年龄段，肥胖率突然升高，除了这个阶段本身就是身体急速积聚脂肪的时期外，还跟孩子的饮食和日常活动习惯大有关系。

胖宝宝，怎么办？

不同于成人的"减肥"概念，对于孩子来说，除了个别非常胖的孩子亟待减肥外，大部分超重或肥胖的孩子需要做的只是控制体重上升的趋势。具体的做法包括：

合理选择食材，同时调整烹饪方法

给超重或肥胖的宝宝控制饮食要循序渐进，降低摄入的热量，先从控制高糖、高脂的食物入手，多吃含丰富纤维素的食物，如芹菜、白菜、韭菜等，它们既能提供身体所需的营养素，又容易让孩子有饱腹感。少吃容易让人发胖的碳水化合物类食物，尤其是精米、精面这些食用后容易引起血糖迅速升高，易变成脂肪囤积的，而是要多吃以燕麦、全麦、糙米、玉米、甘薯为原料的主食。除了用低糖、低脂、低热量的食物做替代外，还可以在食物的烹饪方式上减少热量的摄取，比如以水煮代替红烧，以清蒸代替油炸等。

不动声色的"运动"

据统计，目前全国4～5岁的儿童存在严重活动不足的问题，比较胖的孩子往往更不愿意活动。为了避免恶性循环，父母要开动脑筋充分调动孩子的积极性。运动不是非要兴师动众地制定每天长跑半小时的远大目标，将运动量"不动声色"地糅合在一天24小时，比如能走着去超市就不一定要开车，等车的时候可以玩会儿"跳房子"游戏。多数孩子都喜欢玩水，可以去戏水乐园，让多余的脂肪去抗击水的阻力。总之不要让锻炼变成负担，而是当成好玩的游戏。

别总要求孩子"再吃一点儿"

父母，还有祖父母，容易认为孩子吃的多是好事。平常吃饭时，如果孩子表示"我饱了"，父母往往习惯性地要求"再吃一口"。在幼儿园，老师有时也会以"谁吃得快"为奖励。这些做法都容易导致孩子过多摄入热量。

正确给宝宝吃零食

零食不是绝对不能给孩子吃。事实上，每日的点心和零食也承担着为宝宝提供一定量的热量和各种营养的任务。问题在于吃零食的量和种类。如果一整天宝宝都在不停嘴地吃零食，那么他就很难在正餐时感到饥饿，从而影响吃正餐。同时从早到晚不停地吃东西，即使吃得都是很健康的食物，也不利于宝宝胃部的规律排空和牙齿的健康，并且影响宝宝正确识别身体发出的"饿"和"饱"的信号。而这一点，对宝宝一生的健康状况都会有影响。

吃零食的好建议

培养宝宝规律"三餐两点"的习惯

可以固定每天分别在上午10点和下午3～4点间为宝宝提供一次加餐。如果晚饭吃得较早，宝宝睡前感到饥饿的话，也可在睡前为宝宝准备一份简单的加餐。如果没到加餐时间，宝宝就要求吃东西（尤其是在宝宝刚刚吃过零食，并不饥饿的时候），妈妈可以提醒他稍等一会儿，加餐时间就要到了。如果宝宝不愿等待，没完没了地哭闹，妈妈可以少量给宝宝几片水果，帮他挨到下一个加餐时间。加餐时间并不是在任何情况下都必须固定不变，妈妈可以根据当天正餐的状况和宝宝当天的进食量来对宝宝的加餐进行调整。

加餐食物种类也要丰富

如果加餐食物富含蛋白质和脂肪，宝宝的饱腹感会持续较长时间，这样就避免了宝宝很快再次饥饿，再次要零食吃。向妈妈推荐三款富含蛋白质和脂肪的加餐方案：几片抹上花生酱的薄脆饼干、两片全麦面包加一片奶酪、拌入苹果丁的果味酸奶。

将垃圾零食赶出去

建议妈妈重新整理食品储物柜和冰箱，将糖果、薯片、汽水饮料等对宝宝健康不利的零食移出宝宝的视线。并将一切你希望宝宝尝试的食物放在最显眼的位置上，比如：全麦饼干和蔬果酱。

不爱吃蔬菜怎么办?

让宝宝从小养成爱吃蔬菜的健康饮食习惯非常重要，因为蔬菜中维生素A、维生素C和纤维素的含量非常丰富，对宝宝健康十分有益。多吃蔬菜可帮助宝宝保持合理的体重，降低疾病的发生几率。如果宝宝小时候不爱吃蔬菜，很可能导致成年后依然对蔬菜没有兴趣，长此以往，会给健康带来很大的伤害。

帮宝宝爱上蔬菜的小技巧:

炒菜可以放些油

许多妈妈崇尚低油低脂的健康饮食理念，在炒菜时尽量不放油或少放油。其实，宝宝成长发育需要一定量的脂肪，况且炒菜放些油，可以使蔬菜的口感更好，并能促进蔬菜中脂溶性维生素的吸收。

妈妈的创造力也很重要

一成不变的炒菜让宝宝失去了对蔬菜的兴趣，不妨变换一下。来一个五颜六色的大丰收拼盘，或者让宝宝和你一起动手，做一盘色泽明艳的蔬菜沙拉，再不然发挥想象力，用蔬菜拼成植物或动物的图案。变换一下，宝宝一定会重新爱上蔬菜的。

宝宝不吃妈妈吃

我们不建议强迫宝宝吃任何一种食物，蔬菜也不例外。比起喋喋不休地告诉宝宝一定要吃蔬菜，不如妈妈首先用自身行动做好表率。你可以每餐都要准备一两道以蔬菜为主的菜肴，妈妈首先要很主动并开心地品尝，然后随意地聊聊这道菜有多么好吃。虽然这种方法常常不能马上见效，但是只要妈妈有耐心，坚持一段时间，相信总有一天宝宝会主动把筷子伸向蔬菜盘子的。

（三）重点养育建议：给学前准备力加分

学前宝宝的抵抗力准备

初次进入集体生活，孩子总有这样那样的不适应，毕竟幼儿园与家中有太多不同，这些不同也容易引来疾病的频频"光顾"。很多妈妈都发现，原本不爱生病的孩子，上了幼儿园就小病不断。爸爸妈妈应该怎么办呢？先分析可能的原因，再对症解决吧。

咳嗽和感冒老不好

可能是因为：

- 刚上幼儿园，孩子情绪不稳定，有些甚至狂哭狂喊，心理上的焦虑，使身体抵抗力降低，呼吸道的健康容易受到侵害。
- 父母想让孩子尽快适应幼儿园生活，孩子有了轻微病症，也坚持送幼儿园，又忘记把药带去交给老师，造成服药不规律。
- 幼儿园孩子较多，空间相对较密集，一个孩子患病，很容易传染给其他人。

爸爸妈妈怎么办？

- 多给孩子吃一些维生素C含量较丰富的食物，如橙子、猕猴桃，适量的维生素C有助于孩子抵抗力的提高。

- 如果孩子需要吃药，记得把药带去交给老师，并且写下药的名称、服药时间、剂量等，让老师帮助按时喂药。

又过敏了

可能是因为：

- 孩子对某种食物过敏，父母忘记告诉老师，而在幼儿园的饭菜中恰好有这种食物。
- 孩子小时候对某种食物过敏，但在一年前就已经好了，父母对此放松了警惕。可是入园之后，情绪原因造成身体抵抗力降低，孩子对这种食物又出现了过敏现象。
- 孩子对某种花粉、颜料等物品过敏，在家却几乎没有接触过这类物品，父母不知道他对这些过敏。到幼儿园后首次接触过敏原，比如教室里养的花草、图画课的颜料中含有的成分等。

爸爸妈妈怎么办？

- 认真了解幼儿园的食谱，发现有孩子过敏的食物，哪怕只是很微小的一点，要特别提醒老师。
- 如果孩子曾经对这种食物过敏过，又有很长时间不过敏了，千万不要掉以轻心，过敏有可能因为身体状况的起伏而反复。把孩子曾经过敏的食物名称写下来，交给老师，倘若饭菜中含有此类食物，让老师帮忙密切注意孩子的情况，如果有过敏现象立即与父母沟通。

- 发现皮肤过敏，长小痘痘或者皮肤红肿，要及时与老师沟通，对比幼儿园与家中物品的差异，尽早发现过敏原。

肠胃常常出状况

可能是因为：

- 孩子本来胃口就好，在幼儿园因为有小朋友争抢，就容易总找老师要求添饭菜，结果吃多了。
- 孩子本来在幼儿园已经吃饱了，回家后家人尤其是爷爷奶奶生怕孩子吃不饱，晚饭的时候又给孩子加餐。
- 父母认为幼儿园吃得太"素"了，没有油水，一到周末，就猛给孩子吃肉，认为这样才能把营养补回来。

爸爸妈妈怎么办？

- 如果孩子对饭菜特别感兴趣，怎么也吃不够，父母要提前告诉老师，按照这个年龄段孩子的正常饭量给他盛饭，即使孩子举手要，也不能再加量，要让他知道吃这么多就足够了。
- 不要担心孩子在幼儿园吃不饱，尤其是那些挑食、不爱吃饭的孩子，在幼儿园都能在一段时间内逐渐改掉这个不良习惯。如果每天晚上都加餐，孩子会认为反正回家也能补一顿，就更不会在幼儿园好好吃。家中晚餐时间一般较晚，饭后没有足够的时间供孩子运动消耗，就该上床睡觉了，而幼儿园的晚饭通常都在5点之前就吃完了。

便秘

可能是因为：

- 入园不久，心理上还一时难以适应，感到焦虑、畏惧、伤心，情绪低落，容易引起上火，继而发生便秘。
- 在幼儿园不像在家一样总有人提醒，因此常常忘记喝水。
- 要大便时就是不敢和老师说，一定要憋着回家再拉。憋着憋着，大便越来越干燥，越不容易排出，上厕所时越觉得痛苦，心里就越抵触，久而久之，恶性循环。

爸爸妈妈怎么办?

- 如果孩子的喝水量和大便的关系非常明显，最好能和老师商量，多让孩子喝点水。即使不能增加喝水次数，哪怕每次喝水时的量能多一些也好。
- 如果孩子一直不能接受在幼儿园大便，也不用强求，帮助他建立一个新的规律，最好能做到早上起来排便。有的妈妈给孩子的睡前那顿奶里面加些奶伴侣，有助于排便问题的解决。

提醒妈妈

出现以下身体状况，必须在家休息

发烧：只要发烧就最好在家中休息，尤其在38℃以上。

呕吐：在24小时内呕吐2次或更多。

红眼病：尽量呆在家里，因为很容易传染给别人。

腹泻：一天超过3次，或者出现水样便，有可能具有传染性。

嗓子疼：伴有扁桃腺肿大、发烧、头疼、胃疼中的一种或几种。

胃疼：伴有呕吐、腹泻、发烧等，或者非常强烈的疼痛（有可能是阑尾炎）。

多种运动帮助孩子体格与智力共同成长

运动	适合年龄	需要具备的条件	对身体的好处	对心理成长的益处
自行车	3岁以上	可以从骑四个轮子的自行车开始。5岁可以把两个辅助轮卸掉	腿部力量 协调能力 平衡能力 心肺功能 控制体重	纪律与规则 克服困难 感受自由 对环境的感知
轮滑	3岁以上	最重要的是安全，一定要给准备大小合适、牢固的护具	平衡感 身体协调能力 身体的柔性以及反应能力 心肺功能 肌肉力量	感受自由 培养自信
游泳	4岁以上	安全是第一位的。最好是到专业的游泳馆，找专业的教练进行学习	心肺功能 提高呼吸系统机能 肌肉力量及关节灵活性	克服恐惧 对身体的感知 培养自信
跆拳道	4岁以上	需要跟专业教练学习。掌握基本的姿势比力量练习更重要	肌肉力量 身体柔韧性和灵巧度 对空间的感知	坚韧 谦虚 冷静 尊重和礼仪
足球	5岁以上	如果学习专业球队的规则有些难度，可以从基础的带球、射门开始练习	心肺功能 肌肉力量 身体柔韧性和身体协调能力 平衡能力	规则意识 团队合作 领导力 理解公平 培养自信

188

5个问题，了解孩子学前心理准备

这个阶段，孩子的大部分时间都在幼儿园里度过，爸爸妈妈难免会有点担心：孩子在幼儿园到底过得好不好？他有没有朋友？会不会被人欺负？但是一旦想从孩子那里打听点幼儿园的状况，小家伙要么闭口不言，要么就语焉不详。这也许是因为你的问题问得不合适。下次，你可以试试这样问：

1.你今天在幼儿园最开心的事是什么？

避免泛泛地问题，比如"今天在幼儿园过得怎么样？"面对这样的问题，孩子常会觉得不知道从何说起，也就只能回答："还行了"。所以，问题一定要具体。

2.今天你都和哪几个小朋友一起玩了啊？

伙伴关系在孩子的生活中开始扮演越来越重要的角色了，在幼儿园里，和小朋友们相处得好不好是最影响孩子心情的事情。因此你可以通过这样的问题来了解一下他的"社交生活"。还可以问问："你们在一起玩什么游戏啊？"

3.你可不可以教妈妈也做一个这样的手工？

当孩子把他在幼儿园的作品带回家，不要只简单夸赞："太棒了！"而要给出一些更具体的反馈。

4.今天老师有没有跟你说什么话？

　　老师的评语也是了解孩子的必经渠道。幼儿园一般有《家园联系手册》，老师会写下小朋友的进步或者有待改善的地方。如果有机会，你也可以从孩子这边了解一下情况。

5.你知道吗？妈妈今天上班也被批评了！

　　如果你怀疑孩子在幼儿园有不开心的事情，或者老师向你打了"小报告"，他却不肯说什么，那么你可以试着先分享一下你的一天，特别是和孩子类似的情况，比如："我今天的工作特别紧张，有件事没做好，还被老板批评了呢。"听见妈妈也有同样的烦恼，小朋友可能就愿意给你透露一点什么了。

提醒妈妈

你会听，孩子才会说！

　　倾听也是妈妈很重要的本领。一旦孩子开始对你说起幼儿园里发生的事情，千万不要打断他，只是让他自己讲就好。对于学龄前的孩子来说，把脑袋里的话搜罗出来，再好好组织一下可不那么容易，一旦被打断就很可能忘记要说什么了。当他发现你每一次都很投入地听他的话，而且看上去很有兴趣的样子，那么他表达的自信心就会一点点增加，而以后也就更乐于和你分享幼儿园的点点滴滴了。

（四）其他养育建议

孩子的自理能力达标吗？

很多妈妈认为孩子大一些，很多事情不用学也能会做，甚至觉得自理能力这件事情有点小题大做。其实，自理能力这件事的关键并不在具体会不会做哪件事，而在于它对孩子的自主能力和责任心的影响。对照下面自理能力目标，看看你的孩子在这方面做得怎么样？

3～4岁

★ 知道自己的姓名、性别、年龄

★ 用勺子独立进餐

★ 开始学习独立如厕，但还需要一些帮助

★ 学会洗手、洗脸、刷牙、擦嘴、漱口、挂毛巾

★ 从穿脱裤子开始，慢慢地开始独立穿脱衣服，能分辨衣服的前后，可以拉上拉锁，可以扣较大的扣子

★ 会自己穿有搭扣的鞋子，能分辨鞋子的左右脚

★ 可以做玩具分类、收纳的初步练习

★ 自己不舒服，知道告诉身边的成人

4～5岁

★ 记住父母的姓名、幼儿园的名字、家庭住址或电话

★ 学习使用筷子进餐

★ 学会自理大小便

- ★ 可以独立穿脱衣服，对于一些需要系带的衣服也可以自己穿脱。可以扣较小的扣子
- ★ 开始学习系鞋带
- ★ 可以独立给玩具分类、归位
- ★ 学会擤鼻涕，知道打喷嚏、咳嗽不要对着人
- ★ 在遇到危险时知道躲避，会呼喊求救
- ★ 知道不在马路上玩耍、乱跑

5～6岁

- ★ 学习并坚持用餐礼仪，比如保持桌面整洁，衣服整洁
- ★ 保持服装整洁，可以自己根据冷热调整衣服
- ★ 可以拉上后面有拉链或扣子的衣服
- ★ 不光可以系鞋带，还可以穿鞋带
- ★ 收拾玩具可以做到很整齐、美观
- ★ 可以自己叠被子，收拾床铺
- ★ 可以洗自己的内裤、袜子等小件衣物
- ★ 会自己安排外出或者去幼儿园时需要带的物品
- ★ 认识一些重要的交通标志，并知道其含义，同时遵守
- ★ 可以合理地安排一小段自己的时间

提示：以上仅供参考，还要考虑孩子的个体差异。

关于换牙，妈妈需要知道这些

孩子乳牙脱落时应注意观察，如果乳牙折断，就要及时请医生拔除，否则会影响恒牙的萌出。在换牙期，常会出现恒牙已经萌出，而乳牙还未脱落的情况，形成双层牙。如果出现这种情况，应及时带孩子上医院，请医生将滞留的乳牙拔除，这样才能保证恒牙顺利萌出到正常位置。此外，乳恒牙交替时期，牙齿的排列常常错综复杂，有的甚至是凌乱不堪的。有些家长为此十分担忧，其实通常在13~15岁，此时恒牙萌出达到了一定高度，各种矫治器的制作和佩戴才能准确、有效。

（五）成长需要的心理营养

别让过度的爱打扰成长

成长是一个自然的过程，如同一颗种子，会选择在适当的时候发芽、抽枝、长叶，最后开出美丽的花朵，结出美好的果实。成长的过程当然也需要浇灌，需要养分，但外界的各种力量都应该以不打扰成长的自然规律为度。拔苗助长是父母们一定不要犯的错误。

今天的孩子作为家庭的中心，时刻得到来自父母和祖父母的密切关注，同时又背负了来自家人、社会和学校的期望和压力。在这种状况下，爱，容易过度，期望也容易成为负担。父母要时时审查自己的行为，别让关注与爱打扰了孩子自然而美好的成长。

过早的学习反而损伤了学习的能力和兴趣

你给孩子报了亲子班或者早教班吗？或者你已经在摩拳擦掌，计划着让孩子学钢琴或者学英语。其实，过早地强迫孩子学习并不是一个明智的选择，反而可能因此损伤了孩子原本的对学习的兴趣。孩子天生就有求知欲，对世界充满了好奇，像一块海绵迅速地吸收来自周围环境的各种信息。对于学龄前的孩子来说，玩耍和游戏仍然是他们日常生活中最基本的活动，是早期学习的主要方式。

所以，如果你看重孩子的学习，那么，与其把他送去兴趣班，不如：

- 尽量保护孩子的好奇心，不厌其烦地回答他的各种奇怪问题。
- 和孩子一起去为不了解的问题找正确答案。
- 参与孩子的游戏，无论是"过家家"，还是在草地上打闹。
- 鼓励孩子与小伙伴玩耍。
- 鼓励孩子动手实践。
- 带孩子去旅行。

过多的礼物可能导致干扰

玩具和电子娱乐产品塞满了孩子的房间，但你可能没想过：孩子可以支配的玩具越多，他就要用更多的时间决定玩哪一样，并且会很快地将兴趣从一个玩具转移到另外一个，集中精力玩一个玩具的时间就会大大缩短。

过多的帮助造成无能

我们对孩子的帮助往往出于不同的原因和动机。例如，你帮孩子穿衣服，因为他自己穿总是磨磨蹭蹭。比如奶奶帮孩子做手工，因为担心剪刀会伤到孩子。但是孩子需要学习，才能自己处理生活中的小困难和小麻烦。而当他什么也不用做，并且适应了这样的状况时，他在生活中会变得无助和无能。

(六)妈妈最关心的问题解答

问：我感觉宝宝的牙缝非常大，这正常吗？

答：很正常，大多数孩子的乳牙都不会排列很紧密，而是有些牙缝，随着颌骨的生长，牙缝还会增大。不过，等到周围牙齿的萌出和生长，牙齿会逐渐靠近。正是这些牙缝给孩子将来的换牙带来好处，这些间隙为换牙做了准备。因为恒牙要比乳牙大很多，如果乳牙很齐，没有缝隙，换牙后反而会排列过于紧密和拥挤，造成恒牙排列不齐。

问：宝宝不肯午睡，怎么才能保证他的睡眠时间呢？

答：假使孩子实在不肯午睡，那你要确保他24小时内的睡眠时间是足够的，如果他在晚上的睡眠质量和长度足够满足他生长的需要，那样，减少的午睡时间就不算什么了。而且确实有许多孩子因为白天放弃了午睡，夜间睡眠时间反而延长了。

一般来说，一个3岁的孩子每天需要睡10.5～15个小时，平均12个小时左右，但有些孩子睡得多些，有些孩子睡得少。从孩子的行为上，你可以判断出它是否有足够睡眠：早上自然醒来，而且情绪愉快，那就说明他的睡眠是充足的。

问：女儿还在吃安抚奶嘴，晚上醒了也要吃，不给就哭怎么办？

答：一般建议孩子两岁左右就应该戒掉安抚奶嘴了，否则会影响口腔的发育。不过你的孩子的问题不是戒掉安抚奶嘴那么简单，而是需要解决他安全感不够的问题。安全感越好，孩子越容易戒掉安慰物。

一般来说，当爸爸妈妈的关系很好时，孩子的安全感基本就足够。所以，你首先要检查夫妻关系。另外，当孩子做错事时，你可以指出来，但是态度要温和。同时，尽量不要把自己不好的情绪转嫁到孩子身上。

结语

从怀孕的那一刻起，你就开始了做妈妈的新生活，每一分每一秒，你对宝宝倾注了所有的爱，每一天，你都能看到他令人惊喜的变化。现在的他，消化吸收好，抵抗力充足，聪明伶俐，活力充沛。在妈妈的共同努力下，让宝宝在各个阶段获得更关键营养，让各个阶段表现更出色。

《1000日——分阶段育儿宝典》到此便画上了一个句号。但是，在宝宝全面健康成长的过程中，这只是一个好的开始，妈妈们要将这1000天良好的生活习惯和宝宝一起坚持下去，让宝宝轻松应对更多挑战，展现成长优势！

关于生长发育曲线图的使用说明

生长发育曲线图中，3rd–97th的红线之间都是正常范围。定期测量孩子的体重，并将数值标注在图上，连成曲线就是宝宝自己的生长曲线。如果生长曲线与参考曲线走向始终是平行的，说明生长良好。

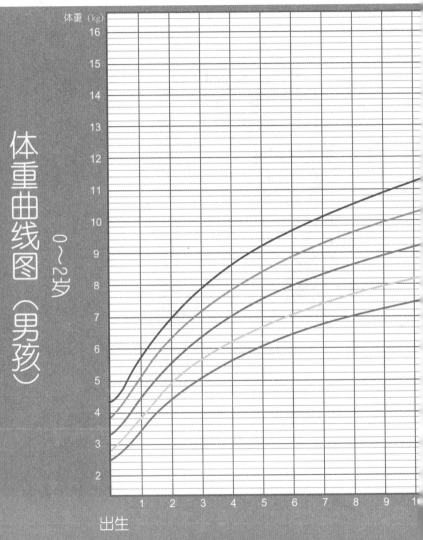

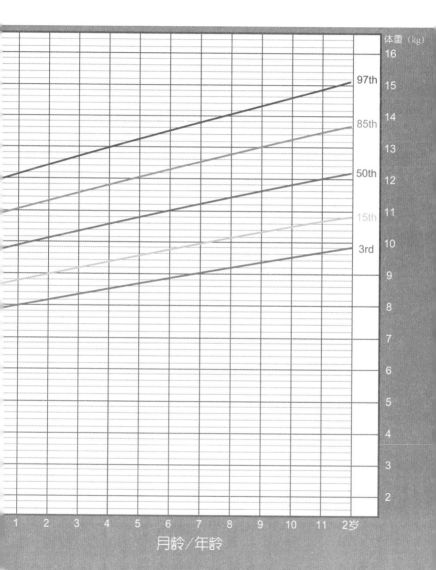

月龄/年龄

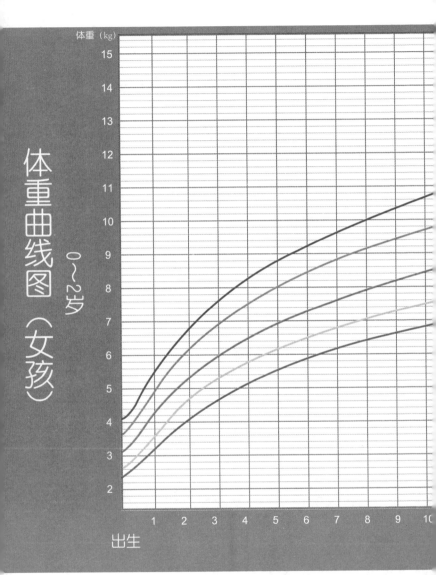

体重（kg）

15

14

13

12

11

10

9

8

7

6

5

4

3

2

体重曲线图（女孩）

0～2岁

出生 1 2 3 4 5 6 7 8 9 10

附录
体重曲线图

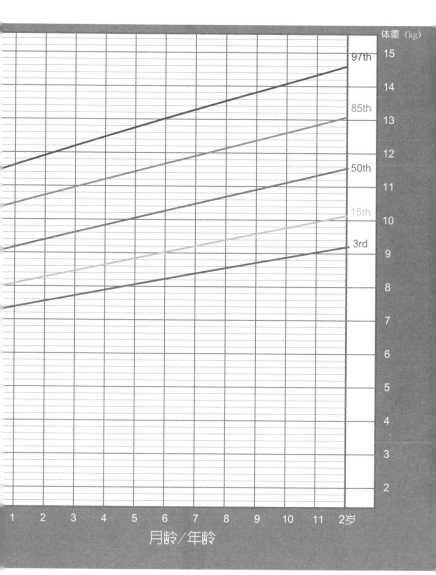

体重（kg）

97th

85th

50th

15th

3rd

15

14

13

12

11

10

9

8

7

6

5

4

3

2

1   2   3   4   5   6   7   8   9   10   11   2岁

月龄/年龄

一、二类疫苗接种时间表

接种时间	接种疫苗	接种次数	可预防的传染病	备注
出生时	重组乙肝疫苗	第1次	乙型病毒性肝炎	
	卡介苗	第1次	结核病	
1月龄	重组乙肝疫苗	第2次	乙型病毒性肝炎	
2月龄	脊髓灰质炎减毒活疫苗糖丸	第1次	脊髓灰质炎(小儿麻痹)	
3月龄	脊髓灰质炎减毒活疫苗糖丸	第2次	脊髓灰质炎(小儿麻痹)	
	无细胞百日咳、白喉、破伤风联合疫苗	第1次	百日咳、白喉、破伤风	
	七价肺炎球菌结合疫苗 *二类疫苗	第1次	包括7种血清型（4、6B、9V、14、18C、19F、23F）肺炎球菌引起的侵袭性疾病	
4月龄	脊髓灰质炎减毒活疫苗糖丸	第3次	脊髓灰质炎(小儿麻痹)	
	无细胞百日咳、白喉、破伤风联合疫苗	第2次	百日咳、白喉、破伤风	
	七价肺炎球菌结合疫苗 *二类疫苗	第2次	包括7种血清型（4、6B、9V、14、18C、19F、23F）肺炎球菌引起的侵袭性疾病	

接种时间	接种疫苗	接种次数	可预防的传染病	备注
5月龄	无细胞百日咳、白喉、破伤风联合疫苗	第3次	百日咳、白喉、破伤风	
	七价肺炎球菌结合疫苗 *二类疫苗	第3次	包括7种血清型（4、6B、9V、14、18C、19F、23F）肺炎球菌引起的侵袭性疾病	
6月龄	重组乙肝疫苗	第3次	乙型病毒性肝炎	
	A群脑膜炎球菌多糖疫苗	第1次	流行性脑脊髓膜炎	
	口服轮状病毒疫苗 *二类疫苗	第1次	由轮状病毒感染引起的腹泻	6个月～3岁每年口服一次；3～5岁口服1次
	流感儿童巴斯德／流感史克 *二类疫苗	—	流感	6个月至3岁
8月龄	麻疹风疹联合减毒活疫苗	第1次	麻疹	
	乙型脑炎减毒活疫苗	第1次	流行性乙型脑炎	
9月龄	A群脑膜炎球菌多糖疫苗	第2次	流行性脑脊髓膜炎	

接种时间	接种疫苗	接种次数	可预防的传染病	备注
1岁	七价肺炎球菌结合疫苗 *二类疫苗	第4次	包括7种血清型（4、6B、9V、14、18C、19F、23F）肺炎球菌引起的侵袭性疾病	
1.5岁	甲型肝炎灭活疫苗	第1次	甲型病毒性肝炎	
	无细胞百日咳、白喉、破伤风联合疫苗	第4次	百日咳、白喉、破伤风	
	麻疹、腮腺炎、风疹减毒活疫苗	第1次	麻疹、风疹、腮腺炎	
2岁	乙型脑炎减毒活疫苗	第2次	流行性乙型脑炎	
	甲型肝炎灭活疫苗 （与前剂间隔6~12个月）	第2次	甲型病毒性肝炎	
	冻干水痘减毒活疫苗 *二类疫苗	—	水痘	1~12岁内接种1针即可
3岁	A＋C群脑膜炎球菌多糖疫苗流感史克/流感英伏可 *二类疫苗	加强	流行性脑脊髓膜炎	
	流感英伏可 *二类疫苗	—	流感	3岁以上及成人

体重(男) k

身高cm

头围cm

体重(女) k

身高cm

头围cm

消化力

抵抗力

创智力

活动力

长关键